阅读成就思想……

Read to Achieve

励姝系列

她职场
活出女性光芒

邱玉梅 刘筱薇◎著

SHE
POWER

中国人民大学出版社
·北京·

图书在版编目（CIP）数据

她职场：活出女性光芒 / 邱玉梅，刘筱薇著. --北京：中国人民大学出版社，2022.8
ISBN 978-7-300-30820-3

Ⅰ. ①她… Ⅱ. ①邱… ②刘… Ⅲ. ①女性－成功心理－通俗读物 Ⅳ. ①B848.4-49

中国版本图书馆CIP数据核字（2022）第120110号

她职场：活出女性光芒
邱玉梅　刘筱薇　著
Ta Zhichang：Huochu Nüxing Guangmang

出版发行	中国人民大学出版社		
社　　址	北京中关村大街31号	邮政编码	100080
电　　话	010-62511242（总编室）	010-62511770（质管部）	
	010-82501766（邮购部）	010-62514148（门市部）	
	010-62515195（发行公司）	010-62515275（盗版举报）	
网　　址	http://www.crup.com.cn		
经　　销	新华书店		
印　　刷	天津中印联印务有限公司		
规　　格	148mm×210mm　32开本	版　次	2022年8月第1版
印　　张	8.125　插页1	印　次	2023年3月第4次印刷
字　　数	142 000	定　价	69.00元

版权所有　　侵权必究　　印装差错　　负责调换

SHE / power

推荐序一

活出女性光芒，在"她时代"乘风破浪

袁岳，零点有数董事长、飞马旅联合创始人

在过去很长的历史上，掌握权力的只有男人，女人是没有什么权力的。安徽胡家大院的建筑风格就体现出了这一点。以前，这里的闺楼很高，抬头只能看到上面一方天，没有窗户，女孩子也不能出门，从出生到出嫁都缺少太阳照耀。即使在大户人家里，女孩子基本上也是被束缚的。再到后来，女孩子还要裹小脚，想跑都跑不远，她们所能做的事情的可能性也大大降低了。

今天，世界已经发生了很大的变化，女性的地位也已经有了很大的提高。她们完全可以决定自己要做什么，可以比她们的外婆和妈妈活出

她职场 *SHE*
POWER 活出女性光芒

更多的可能性，她们本身就是一个个权力主体。自从 2016 年认识邱玉梅后，我就很愿意参加睿问的活动，因为我相信现代社会的权力能够朝着更加柔美，更加符合现代文明，更加符合社会平衡的原则发展。女性的权力是这个社会权力结构健康的重要保证。

我跟邱玉梅认识也是源于 2016 年睿问承办了上海徐汇区妇联的一场活动，她作为睿问的创始人，邀请我担任活动嘉宾。过去六年，我见证了睿问的发展，也见证了她的变化，公司和她个人都变得越来越有影响力了。这当然有她自身的努力，但也离不开时代的作用，她刚好踩在了时代的鼓点上。飞马旅之所以投资睿问，也是因为我们觉得通过课程、人际网络、资源链接的方式，帮助女性活出自己的光芒，这件事情很有意义。

2017 年 8 月 27 日，在睿问和《环球时报》联合主办的"她经济"论坛上，我发表了一个主题演讲——"从她权利到她权力"。在演讲中，我提到女性要发挥权力主体的作用，就需要运用 4P 法则。在我看来，邱玉梅和刘筱薇的新书《她职场》虽然没有套用 4P 法则，但实际上全书用了大量的故事、案例以及理论阐述了 4P 法则。

在场（presence）：大部分没有权力的女人一开口就是"我好朋友说"，她们的信息都是听说的。一般情况下，以"听说"开场的人是追求权力的人而不是拥有权力的人。真正拥有权力的人会说我看见什么人是怎么把这个东西做出来的。在政治学研究中，在场不在场决定了权力的基础。

表达（presentation）：很多人习惯只做不说。实际上，你在公司、知识界和行业里的权威大小，与你的声音大小有关系，只有敢于发声的人才能成为老师。如果你是 CEO、市长、妇联主席、企业创始人、团队的领导者，或者你正在谋求成为组织的关键一员，那么你最重要的事情就是要不断地说企业和自己的理念、价值观等。

操练（practice）：当你操练到产生肌肉记忆时，你就成了专家。像我们这些不会射击的人，拿一把枪瞄半天也打不到目标。而射击手拎起枪来似乎随便一指都可以打中目标。

模式（pattern）：女性在今天要做的事情就是创建一个新的模式，这个模式在开始设计的时候就可以按照女性的思路来而不是按照男性的思路去设计。无论是职业规划还是商业计划，抑或是尝试做一个新东西，你都可以大胆地按照你的想法去做，而不是用老套路，这就是创新。前三个 P 在很大程度上体现的是个人魅力。

一位女性要活出女性光芒，在面对关键的事务、决策和活动时就都需要在场，也就是大家常常说的"向前一步"；要表达，要勇敢争取升职加薪；要不断操练自己的专业能力；要能够在新时代构建新模式；当然，也要正视作为女性所面临的具有性别特色的特殊挑战。邱玉梅和刘筱薇的这本新书堪称"职业女性的答案之书"，涵盖了女性发展可能会碰到的所有问题，包括婚育的、职业规划的、个人魅力的以及社群和社会的。两位作者都同时拥有国内和国外的教育经历，这也决定了她们拥有国际视野，所以我认为她们的新书是值得每一位寻求更好发展的女性认真看一看的。

我个人出版了40多本书，游历过130多个国家，日更自己的公众号，每年平均演讲上百场，每天都在做输入（学习）和输出的工作，但我依然觉得每次和邱玉梅以及睿问的女性成员接触后，都能有新的收获。她们身上蓬勃坚韧的生命力让我深受感染。对我来说，每次到睿问都是一次自我的充电之旅，我相信大家在这本书中也能收获新知识、新观点、新资讯和新感受。

她时代需要更多乘风破浪的"她"！当每位"她"都能活出女性光芒时，这个社会一定特别美好！

SHE / power

推荐序二

穿越迷雾，让我们在顶峰相见

朱岩梅，华大基因集团执行董事、执行副总裁

2018年5月，我受邀去杭州参加"2050大会"上由睿问承办的圆桌论坛时，再次见到了个子小小的邱玉梅。她说自己创立职业女性学习成长平台睿问，是为了更好地团结全中国最优秀的女性领导者，给身处迷雾中的女性一些建议和鼓励，帮助更多女性活出"主角"光芒。

邱玉梅是一位希望团结各界女性领袖、赋能1亿女性成长的创业者和女性领导力专家。或许你认为她是一位热情似火、八面玲珑、一出场就能吸引全场目光的女性，但她颠覆了很多人的想象。如果非要用一句话概括我眼中的邱玉梅，那就是：她是一个具有强烈冲突感的人。

她职场 SHE POWER 活出女性光芒

每次与她见面的最初五分钟，她都很慢热，总是小心翼翼的，甚至需要对方主动去活跃气氛。可就是这样的邱玉梅却成了"超级联结者"，获得了很多人的帮助和信任。她表面看起来慢热温吞，内心却炽热敏锐。我想，正是这种慢热的性格让她在热爱的女性学习成长事业上能够如此坚毅，日积月累耕耘六七年；也正是因为她的赤诚，哪怕连续创业两次，在商业世界走过"荆棘"，她依然保有"天真"，团结了那么多人的力量去追逐梦想。也许在她身上，大家都能看到自己的影子。

2022 年，我接到了邱玉梅发来的为她的新书写序的邀约。在看到书名《她职场：活出女性光芒》那一刻，我想到了自己在成长道路上曾有过的迷茫和高光时刻，我问过别人也曾被人问过：为什么女性领导者那么少？是什么阻碍了女性的成长？女性领导者怎样才能走出女强人的刻板印象？女性的成功和幸福是像鱼和熊掌一样不可兼得吗？

职场之路上有千百道谜题在等着我们，《她职场：活出女性光芒》的两位作者对其中很多谜题进行了分析和解读。我相信阅读完这本书之后，每个人都会找到属于自己的答案。

加入华大基因之前，我有幸在同济大学担任经管学院副院长。高校的工作既安稳又受人尊敬，当时我给人的感觉也比较有亲和力。很多人都以为我喜欢安安稳稳的生活，但他们并不了解我具有的敢冒风险和勇于变革的精神，身边的亲朋好友都为我辞职并加入华大基因的选择感到担忧。很多人难以想象，在加入华大的最初两年，我自愿不拿工资；他们也难以想象，2020 年我主动请缨带领团队赶往武汉，组织设计出火眼实验室的 Logo，并用短短两年时间让它成为闻名世界的品牌。转眼我已加入华大 10 年了，从战略、人才、文化到公关、品牌和公益，我经历和学习的大多是 10 年前的我未曾想到的。感恩遇见，我相信一切都是最好的安排。

刻板印象总是会让人做出不明智的判断。由于刻板印象遭受过不同待遇的职场女性，我相信还有很多很多。我的亲身经历也告诉我：女性想要获得成功，无论在国内还是在国外，相比男性都要面临更多的困难，经受更大的考验。可能是因为世俗偏见，可能是因为教育差别，还可能是因为多重身份困境或者结构性失衡。

作为华大集团六位执行董事中唯一的女性，我非常关注女性员工的成长，经常鼓励她们要独立思考，自主学习，并且不要因为一味追求事业成功而忘记了家庭责任；我认为二者不仅不矛盾，还是相辅相成、互为支撑的。"包容"和"共赢"应该成为女性领导力的突出优势。

同时，在社会上，我也想积极地发挥自己的影响力，经常在包括睿问这样的多个平台上鼓励女性走出舒适区，敢于发声，敢于承担更大的责任。我倡导更多的女性进入管理层，不是为了争权夺势，而是希望女性利用特有的力量，去共情、包容和帮助更多的人，创造更大的价值。

她职场 SHE
POWER 活出女性光芒

一个成功的女人背后不是一个男人，也不是 N 个男人，而是一个良性的环境和支持系统。

邱玉梅和刘筱薇为了完成这本书，前后花了两年多时间采访了 120 多位女性，收录了其中几十位女性的故事。在这本书里，我看到了她们和我一样，想让更多的女性获得更好的教育、尊重、资源和自由的初心。

希望每一个正在奋斗的女性都可以从不同女性"身处迷雾""穿越迷雾"的故事中，获得启发和思考。也许如何穿越重重迷雾，如何活出女性光芒，并没有一个针对所有职场女性的标准答案；但是书中的女性不管什么职位、什么经历、什么背景，都有榜样的力量。如果我们能看到榜样，就有可能成为榜样。

在我的每一段成长过程中，都有曾激励过我的榜样。他们像迷雾中的灯塔，引领我穿越迷雾，不断成长。不知不觉，我也成了别人眼中小小的"灯塔"，正在努力地发出微光。

正如戴维·布鲁克斯在《第二座山》中所说，每个人的一生都应攀登两座大山：第一座山是认识自我，建立身份，获取个人成就的生活模式；第二座山是摆脱小我，投身利他，过上能创造更多社会价值的生活模式。

衷心希望每一位读者都能穿越迷雾，活出光芒，让我们在顶峰相见！

SHE / power

前言
我在职场一路打怪升级

工作 20 年，回头看像 20 秒，犹如一道闪电快得让人来不及反应。不仅是我（邱玉梅）[①]，其实每个人的人生都如同白驹过隙，匆匆就是一个 10 年过去了。

在近 20 年的职业生涯里，我面临过好几次几近绝望的时刻。

- 2010 年投递上千份简历后，依然没有找到心仪的工作，失业近一年；
- 每次创业都被外界嘲笑，都不被看好；

[①] 本书有两位作者，因为都用第一人称，为避免混淆，在必要的地方会标注作者名称。——编者注

她职场 _SHE_
POWER 活出女性光芒

- 第二次创业前三年连续亏损,虽然后来也拉到了几轮融资,但自己前期已投资近千万。在那三年里,每个月发工资的时候我都感到格外痛苦,每天却依然要输出正能量,没有迟发过一天工资。

前段时间,有一位朋友分享了一条视频给我,其中有一句话很有意思:"到底什么样的终点,才能够配得上我们颠沛流离的一生?"听到这句话的时候,往事就像放电影一样一幕幕浮现在我眼前,不由得百感交集。

所幸老天爷在折磨我的同时,也为我的人生投射了很多光亮。我除了经历挫折与痛苦以外,也获得了不少让人羡慕的成绩。

- 从一个出生在福建西北部农村家庭的女孩,成长为在上海打拼的"白骨精"。大学就读于上海理工大学会计系,工作多年后又攻读了美国南加大的 EMBA,毕业后,我还担任了南加大上海校友会会长。从 2011 年起,我先后创立了两家公司,不仅为家人创造了优渥的生活条件,也为同事们提供了新鲜有趣的工作。
- 担任主播,在喜马拉雅、睿问等 App 和在行等知识付费平台主讲人际关系系列音频课程,全网拥有几百万订阅用户和 20 万付费用户。
- 作为女性领导者中的代表人物,被邀请担任 KOL,为著名互联网公司和 3C 消费品公司拍摄广告,广告在各大出租车公司车辆

X

上播放，并在优客工场全国上百个联合办公社区展示。
- 一对一对话职场人士超过 10 000 人，为他们提供职业及创业建议。
- 创立的第一家公司 Talent Lead 如今是众多知名企业的最佳招聘合作伙伴，成立 10 多年来盈利能力一直非常强。
- 创立的第二家公司睿问在 2018 年实现盈亏平衡，之后每年都保持增长，已经成长为中国著名的职业女性成长平台之一。睿问希望充分激活每一座城市的"她力量"，帮助每位女性活出"主角"光芒！

即使失业，也不想凑合

回看职业之路，我总感觉像在攀登一座惊险的山峰。有时候，一路风光旖旎，人的脚步就轻快；有时候山势崎岖，人会备感疲惫；有时候大雾漫天，人会很容易迷路。我们可能会瞬间变得沮丧，也可能会随时恢复活力；我们可能无比执着，也可能会突然释然。每天，我们都可能会遇到各种各样的事情，要做出自己的选择。不同背景、不同认知、不同性格的人会做出不同的选择，正是这些选择而不仅仅是努力，把人和人区分开来。

有时候，我会忍不住回想自己在过去的职业生涯里做对了什么、做错了什么、掉入过什么坑、避开了什么坑，以及在从职场小白成长为老板的过程中经历了怎样的心路历程和心态变化。

工作的最初五年，我先后在美国友升集团、西门子物流集团以及西门子能源集团担任过总裁助理。在担任西门子能源集团总裁助理期间，我的老板管辖着集团下属20多家公司，每年有100多亿的年营收业务。虽然我只是一个助理，但是在这样的环境里工作，我的视野得到了开阔，也能近距离观察老板是如何处理棘手事务，如何与内外部合作伙伴谈判博弈，如何快乐地带领一群人工作的……所以，我一直觉得工作前五年选择能帮你开阔视野的工作是很重要的，薪水、职位都不是排第一位的。

工作第六至第八年，我在西门子下属的一家公司担任合规官，这份工作可能是我整个职业生涯里唯一不喜欢的一份工作。当时，我每天都要学习美国反海外腐败法（FCPA），审核堆得像山一样高的合同，给新入职的员工做合规培训，配合法律部门和外部调查团队调查内部员工的腐败问题，而且每年还要配合做内外审计……

有一次在员工食堂吃完午饭，我像往常一样和同事们在公司附近的小树林里散步，大家像以往一样说着我完全不感兴趣的话题，比拼谁的饭卡里钱多，可以换多少桶食用油回家，等等。瞬间，我有了一种前所未有的冲动，特别想马上离开那里。回到办公室后，我就去问老板我有没有可能在35岁之前担任CFO，老板坦诚地告诉我没有可能；我又问

前 言
我在职场一路打怪升级

我有没有可能在 40 岁之前担任 CFO，对方也比较无奈地摇了摇头。他告诉我在大公司有很多规则，工作晋升还是需要论资排辈的。另外，我长得太娇小了，看起来就不太具备领导人气质。于是，第二天我就裸辞了。

我之前愿意去做合规官的工作，是因为我大学本科学的是会计专业。当时西门子出了贿赂门事件后，被美国证监会罚了一笔巨款，我当时的德国老板告诉我，合规官是一份非常有政治前途的工作，未来可以更快速地到达 CFO 的岗位。因此，在我的德国老板回德国以后，我选择从总裁助理转岗到集团下属的一家公司担任合规官，希望未来能够担任一家企业的 CFO 或者 CEO，可惜这个希望在当时破灭了。

这么多年过去了，我从来没有后悔过那次辞职，即使我为此付出了惨重的代价。合规官的工作可能适合别人，但不适合我这种喜欢与人打交道又有文艺浪漫气质的人。我完全不喜欢这样的工作，仅仅是为了简历好看而选择的。这段经历常常让我想起巴菲特说过的一句话："找一份不喜欢的工作，就好像把性爱攒到年老以后。"

裸辞之后，我失业了。裸辞之后的前两三个月里，我到处旅游，到处去找朋友玩，觉得空气中都弥漫着自由的味道，觉得生活是如此美好，觉得未来充满一切可能……回到上海后，我开始找工作，想转型做财务或者市场的工作，但是后来我发现想转型的方向一个工作也找不

她职场 SHE
POWER 活出女性光芒

到。找我去面试的全是老板助理或者合规官之类的工作，也有西门子集团的其他子公司让我回去做合规官，但我打定主意不再做这类工作了。即使有的工作给的薪资在我原来薪资的基础上增加了30%，甚至是50%，我也没有去。就这样，又过去了半年。最后，差不多一年过去了，我还是没有找到合适的工作。最难过的一次是，一个亚太区财务经理的工作我已经面试了七八次，中国区和美国总部负责面试的人都面试过我了，口头的录用通知也出了，可做了个性格测试后就没有下文了，我没有收到最终的书面录用通知。接到猎头告知最后结果的电话时，我正坐在高架桥上飞驰的出租车里，看着魔都一栋栋高楼大厦，心里感叹这里竟没有自己的一席之地。

我的家人和朋友其实不太理解，一个失业那么久的人居然有勇气拒绝薪资很不错的外企合规官的工作，仅仅是因为不想回到以前的老样子。这可能就是所谓的性格决定命运吧。这么多年过去了，我依然没有后悔自己当初的决定。

我们常常会在人生的某个时期做出盲目的行动，但一个人想要过得好，自我定位和发挥自己的天赋优势是最重要的。定位是什么？定位就是你清楚自己有什么，你要去哪里，你能失去什么；定位就是远景，是用自己的天赋优势能实现的远景。看得清远景，就不怕近处的困难；看不清远景，就会不断做出变形的动作，浪费大量的时间。有的女性一辈子可能花很多时间打扮自己，研究如何找到心仪的另一半。但作为女性，也请一定记得多花些时间研究一下如何找到自己的定位和发掘自己的天赋优势，毕竟我们自己才是我们这辈子最重要和最伟大的产品。

当我回顾自己的职业生涯时，我发现了一个问题，那就是我在外企工作的时候，打交道的绝大多数是企业内部的人，只是偶尔跟供应商打交道。我自以为在500强企业工作很了不起，实际上我只是航空母舰上的"井底之蛙"，所看到的世界、拥有的人际圈子都是非常狭小的。如果我沿着原有的轨迹，在一家公司按部就班地延续职业生涯，也不追求到达多高的职位，这可能没有太大的问题。但如果涉及转型，就无法通过猎头或者投递简历找工作，而要通过朋友推荐，但我却没什么外部的朋友。

创业以后，当需要维护各种关系（如与投资人、客户、合作伙伴、嘉宾讲师、合伙人、同事等的关系）时，我才明白朋友越杂越好，因为他们能带给我们不同的视角，能帮助我们知道自己"不知道"的，也能给我们带来不同圈子里的宝贵信息，甚至可以帮助我们找到工作。回首来时路，似乎越早结交的人越容易相互形成长期、稳定、温暖、深度信赖甚至依靠的关系；在生活中出现较晚的人，很多都是"过客"，而我们也慢慢接受了一个事实——人生越往后，越难遇到知己和挚友。因此，年轻的时候，我们要学会抬头看天，学会构建高质量的人际关系，这是一件很重要的事情。

这段失业经历也让我开始思考，为什么很多人在碰到困难的时候都会放弃坚持。我们会看到一些曾经很辉煌的人去做了一些形形色色的奇怪工作。一个人往下滑落非常容易，往上走却很难。如果为了小利益——往往是几个月的工资，而放弃自己的远景和定位，那所有的动作都会变形，使我们无法到达最终的目的地。因此，每隔一段时间，我都会问自己我有什么，我要去哪里，以及我能放弃什么。我可以放弃几个月甚至一年的薪水，但绝对不能放弃我塑造自己的梦想，我要算好大账和长远利益，而不是斤斤计较眼前的那些蝇头小利。

不冲动，但要有冲劲

2010年12月1日，我入职了一家英国的猎头公司，担任IT行业的猎头顾问。那个时候我非常想搞清楚雇主和猎头到底是怎么选人的。我这么努力、充满了激情，也不笨，为什么转型换个工作就那么难？我记得我去面试那天，因为我的英国老板是中国区的董事总经理，平时在北京总部，所以我进上海办公室面试的时候没人接待我，这让我这个已经失业很久的人感到非常局促和窘迫。有一位同事注意到了我的尴尬，就给我倒了水，并跟我聊天。失业很久的我好不容易找到一份愿意尝试的工作，所以我无比珍惜。为了出业绩，当时已经买房好几年的我在走路就能到公司的位置租了一套房子，每天早出晚归，拼命工作。作为猎头行业的一个新人，我在那家公司工作的五个月时间里，奇迹般地创造了别人一年都达不到的业绩，第一个关掉的职位年薪就高达400多万人民币。我在那里快速学会了如何拓展客户，如何深度面试，如何做岗位匹配，如何做薪资谈判，也学到了很多互联网行业的知识。

既然我什么都能自己干，那我为什么不自己创业呢？有了这个大胆的想法后，我又一次果断辞职了。

虽然公司派了四拨人和我谈，挽留我，但我依然选择辞职创业。我想创立一家有企业文化，而不只是关注业绩的猎头公司。我花了一年时间说服那位在我去面试时对我无比友好的同事托比（化名）和我一起创业，他也是那家英国猎头公司中国区当时业绩最棒的猎头顾问。2012年，他作为合伙人加入了我创立的猎头公司 Talent Lead。有了他的加盟，我们的猎头公司如虎添翼，业务蒸蒸日上，而他也在二十七八岁的年纪就实现了年收入百万。有的人在职场选择事不关己，高高挂起，有的人选择在每件小事上都对别人释放善意。而那些释放善意的人，总是会在未来收获意外的惊喜。例如，托比当年在我入职那天对我非常友善，让我一直对他心怀感激。

在工作的第九年（2011年），我正式启动了第一次创业，创立了 Talent Lead 这家公司。虽然我父母也是创业人士，但我在读大学期间以及在外企工作的时候，都没有想过要创业。直到我进了英国猎头公司工作，发现我这个总裁助理、合规官出身的人也能拓展业务，才动了创业的念头。真的创业以后，我才发现自己天生适合创业，因为我不怕风险，就怕一潭死水一样的生活；我不怕困难，就怕不自由；我不怕丢脸，就怕人生没有非凡的体验。经常有人会问我他适不适合创业或者什么时候可以去创业，我总是觉得这些问题有些多余，因为去创业多半都是被逼的，或者内心有强烈的想要改变和创造的冲动，这种冲动会让人热血沸腾，夜不能寐。当这样的时刻到来时，一个人根本不需要别人给出建议。

在工作的第 13 年（2015 年），我创立了我的第二家公司——职业女性成长平台睿问。我的圈子越来越大，视野也越来越宽广，从原来在 Talent Lead 只服务于 IT 互联网行业，迅速切换到了服务于所有的新经济领域。我每天和这个世界上最美丽、最睿智的一群女性打交道，她们中有企业家、艺术家、奥运冠军、家族企业传承人、投资人、首位环球飞行的亚洲女飞行员，还有生了五个孩子、七天跑完七大洲七个马拉松的世界纪录拥有者，以及四次登上珠峰的勇敢女性……很多人羡慕我可以在这么美丽而性感的行业里工作。这一切都是我自己一步一步打拼出来的，因为有在外企打工八年的经历，有开猎头公司的经历，我才能成立睿问这样的女性社群和学习平台。这就像慢慢展开一幅如同《清明上河图》般的宏伟画卷，一步步到达了人人称羡的风景处。

我想分享的心得体会

到 2021 年 7 月 4 日，我创业整整 10 年了。中间我碰到过很多困难，

前 言
我在职场一路打怪升级

也获得了很多快乐；碰到过一些小人，也幸运地遇到了许多贵人。在这里，我想讲讲创业带给我的几个跟职场发展相关的思考。

一个人永远别把自己看得太重要了。当我还在管理猎头公司的时候，我感觉自己每天都在救火，不是应付刁钻的客户，就是摆平不懂事的候选人。每当焦头烂额的时候，我都会产生一种幻觉，觉得如果让小伙伴们去对付这么难搞的人，肯定会是灾难吧？结果做第二家公司睿问时，我工作的重心也都转移了过去，就像第一个小孩已经能够走路了，而第二个小孩还在襁褓之中嗷嗷待哺，需要我付出更多的精力。然而，第一家公司不仅没有因为我不在而倒闭，反而发展得越来越好。这让我突然彻底明白了，无论我们在多大的平台、多重要的岗位上，随时都可以被替换掉。我们不是世界的中心，我们真的没那么重要。

在我们奋力前行的时候，身边需要有一个冷静的旁观者。他可能是我们的长辈，也可能是我们的导师，还可能是我们的另一半。这个人能够帮助我们喊停自己内心的独角戏，使我们可以时刻保持清醒一点。

做一个情绪稳定的成年人。我是个急脾气，原先就像一个随时随地会爆炸的火药桶。虽然我的脾气来得快去得也快，但也伤害了很多人。曾经我也感觉除了发火，不知道该怎么去管理别人。有一次我在办公室歇斯底里地发火，声音大到恨不得整栋楼都听得见，同事们纷纷作鸟兽散，500平的办公室很快一个人也不见了。因为经常发火，我总感觉身体这里也不舒服，那里也不舒服。后来，我感觉不能再这样下去了。于是，每当我要发火的时候，都会去想我原来的老板们是怎样带领团队快快乐乐地把活干了的。经过很长时间的练习，我现在已经极少发火了，大家也没有因此觉得我是个好欺负的老好人，我身体的不适感也消失了。据说 70% 的女性疾病都是由坏情绪造成的，所以掌控好情绪，拥有轻松愉快的心情，也就拥有了健康。

不制造焦虑，尽职尽责就好。刚当老板的时候，我天天给自己，也给别人打鸡血，不仅自己焦虑，也给别人制造了焦虑。谁加班我就喜欢谁，从来不加班的人肯定是我最不喜欢的。现在，只要员工尽职尽责把工作做好，他们加不加班我都无所谓。我也会想加班真的有效、有必要吗？真正好的管理是督促大家拼命地加班，还是能够让大家发自内心地去创造价值，不浪费自己的生命？

学会在孤独中前行。我们在攀登顶峰的过程中必然是越来越孤独的，有时候甚至会孤独到绝望。举一个简单的例子。当你和大家平级的时候，你们可以和大家一起快乐地吃午餐，疯狂吐槽各种看不惯的事情；当你成为老板时，如果你还硬要凑到大家午餐的桌子旁闲聊，那可能你说的每一句老板味的话，都会破坏大家午餐的兴致，因此你常常都是一个人吃午餐了。遇到困难的时候，你常常不能跟同事讲，不能跟父母讲，甚至也不能跟另一半讲；等一切都过去之后，你再默默地佩服自己有多牛，心疼自己承受了那么多的压力。一个人成熟和伟大的标志就

前 言
我在职场一路打怪升级

是不需要从外界获得鼓励，而是独自一人带着信仰，忍受孤独，坚定地朝着自己想去的方向前行。

专注当下，心无旁骛。一位职业女性往往要承担多重角色：母亲、妻子、女儿、老板、下属……在这些角色之下，我们可能会被内疚感绑架，可能找不到平衡的方法，也可能会找不到自己的定位，所以在快节奏的当今社会，能够心平气和，专注当下，拥有正念，静静享受时光流淌将成为职场中的核心竞争力。有人曾问我泡澡的时候会不会想到很多事情和很多人，我说会。他说："那你这不是相当于邀请了很多人跟你一起洗澡吗？这个澡怎么能够泡得舒心惬意呢？"每当我忙碌焦躁的时候就会想起这句话，于是会马上提醒自己要静下心来，找到内心的定海神针。

在家庭之外，寻找深度的情感联结。我们都会慢慢老去，丈夫、孩子都有可能离开我们，每个人都有自己要忙碌的事情，所以我们还需要在家庭之外创造更多的联结和影响力。当我们成功的时候，是否愿意去帮助和影响更多的年轻人？年轻人终究会成功，问题是他们的成功里，有没有你的功劳？会不会有很多人感谢你曾经出现在他们的生命里？大家都说女性无法团结起来，我们能不能为扭转这个观念出一分力？美国500强企业里的高管85%是从兄弟会、姐妹会出来的，美国历任总统也基本都是从兄弟会、姐妹会出来的。他们提早就在兄弟或者全是姐妹的群体里学会了如何解决冲突，如何培养追随者，如何团结同性，如何获得超级影响力，如何整合资源等最难掌握但又非常有意义的技能。我们创立睿问这样的女性平台也是基于同样的考虑。

以上就是我的一些非常真诚的分享。虽然我碰到过很多困难，但我对生活充满感恩。谁能想象当年在福建乡下捉鱼的小女孩也可以拥有如此丰富精彩的人生、富足的生活和宽广的视野？

我的故事最精彩的地方在于，它也可以成为你的故事，在时代和社会进步的加持下，你的故事很可能会比我的更精彩。这不是一个一路坦途的故事，而是一个遍布荆棘的奋斗故事；这不是一个官二代、富二代的故事，而是一个普通人在魔都赤手空拳打拼，一步步获得职场跃迁的故事；这不是一个榨干自己、无止境努力的故事，而是一个关于如何选择的故事。

相比我们的前辈，我们处在一个更好的时代。与以往任何时候相比，我们这个时代都更需要有思想、有智慧、有影响力的女性，来引导我们自己以及我们的家庭、社区、职场、国家乃至世界做出改变。在创造出惊人的改变以及美好方面，女性总是具有魔术师般的能力。我周围还有很多职业女性的故事比我的更精彩，我希望能把她们的故事呈现在大家面前，让大家有机会通过阅读其他女性的故事，找到自己的定位和穿越层层迷雾的秘诀。

前言
我在职场一路打怪升级

我和我的合作者刘筱薇历经两年半的时间，总共采访了 120 多位女性。经过大量的整理和筛选工作，我们在本书中收录了其中 30 位女性的故事（其中有 9 位用的是化名）。我们将为大家讲述，她们看起来不普通的人生是从哪个微小的起点开始的？当不确定性猛烈地攻击她们的人生时，她们做出了怎样的选择？得到了怎样的结果？她们如何处理人生中的各种关系？她们如何穿越复杂的职场迷雾并最终到达顶峰？

这些故事的意义不在于她们取得了怎样的成功，或者经历了多少失败，而在于她们在关键节点敢于做出了不同寻常的选择，在于她们都活出了自我，在父母给予自己生命以后，又重新把握了自己的生命。她们活成了一道火焰。火焰的意义其实不在于照亮了别人，而在于火焰是火焰的伙伴，火焰是火焰的姐妹，火焰是火焰的爱人，这才是最动人的。相信大家会沉浸在她们的故事里，并在这些故事里找到自己，做对选择，活出自我。

让我们一起"求知若饥，谦虚若愚，勇敢做一朵奇葩，日渐强大，闪闪发亮"吧。

目 录

她职场 *SHE*
POWER 活出女性光芒

01 她时代，女性大有可为 / 001

女性角色的重新定位　002

职业选择的多元化　005

女性与生俱来的核心优势　006

02 担当人生不同角色，各有各的精彩 / 013

不同的选择，都通往更幸福　014

婚姻可以期待，但不强求　017

目　录

新兴生活和家庭模式　019
步入婚姻，依然保持独立自我　024
既是人母，更是自己　033

03　破解女性面临的独特职场困境　/ 045

职场女性的周期困境　048
破解职场天花板的迷思　077
克服其他不利因素　099
职场女性的美貌困境　105
在职场打拼，也要保护好自己　116

04 职场中的情绪管理 / 127

自我调节，不被职场焦虑裹挟　128

不要让嫉妒心蒙蔽双眼　130

别让情绪化成为定时炸弹　132

有傲气，也能包容　143

05 重新定义职业女性的成功 / 149

跳出框架，探索职业的可能性　151

勇敢点，在创业中成就自我　165

目 录

06 建立自己独特的竞争壁垒 / 181

打造个人品牌　182

找到可以支持你的友谊与社群　200

参考文献　215

后　记　225

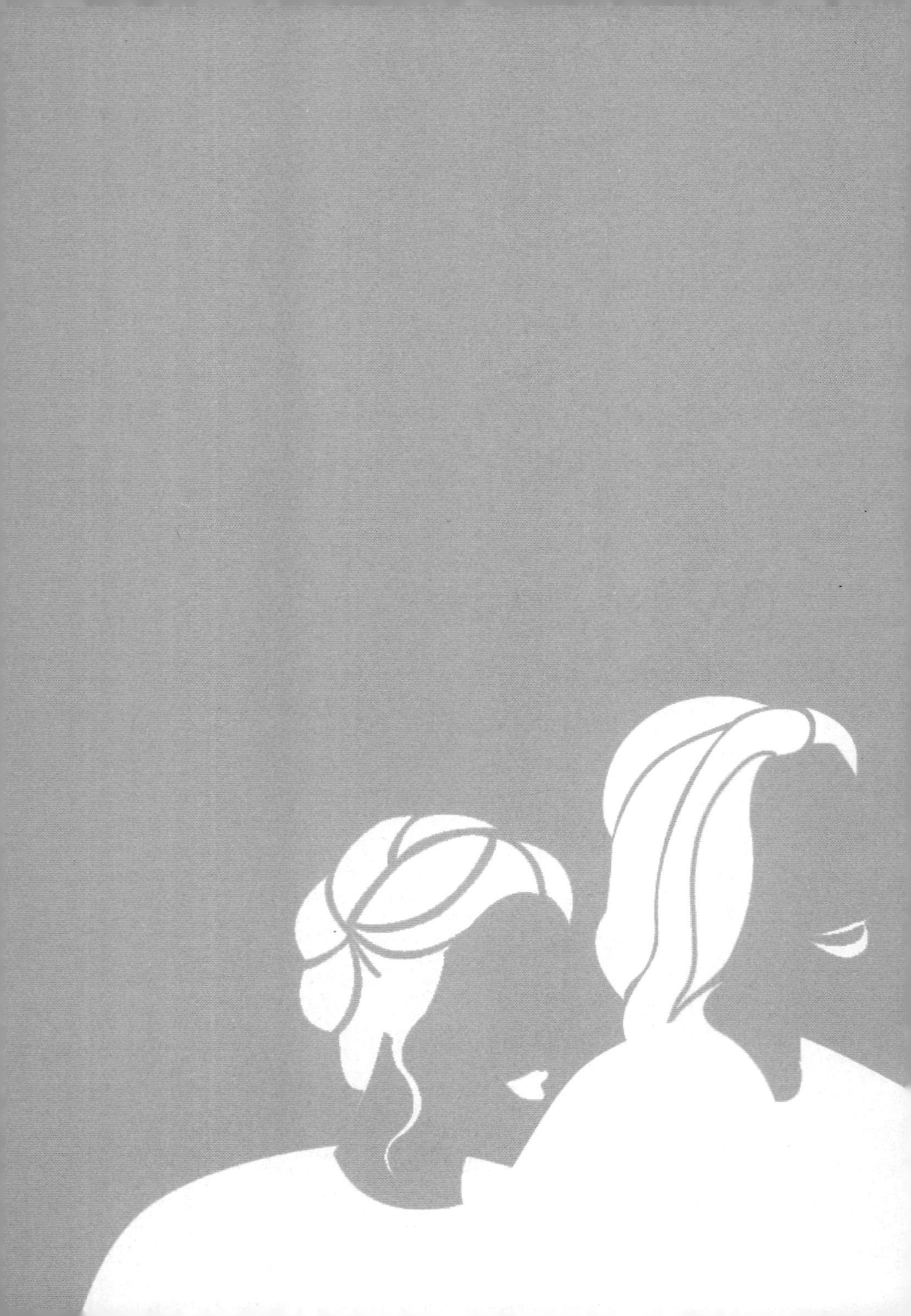

01

她时代，女性大有可为

她职场 *SHE*
POWER 活出女性光芒

女性角色的重新定位

1912年3月11日,孙中山下令禁止缠足,把女性解放出来,让她们能够更好地参加生产活动。在民国初年,孙中山常赴各地号召发展女子教育,大力提倡女子办学,鼓励并支持开办各种女子学校。女性意识初步觉醒。新中国成立以后,一切歧视、压迫妇女的法律都被废除了,女性和男性拥有了平等的法律地位。

1954年底,贵阳息烽养龙司乡堡子村成立了农业生产合作社,当时男性轻视女性的旧思想还未转变,男性不赞成妇女出门干活,导致全村23名女社员只有三四人出工。她们和男社员干同样的活,但男社员每天记7分,女社员只记2.5分,从而严重影响了女社员的生产积极性,村里劳动力不足导致群众吃饭困难。以堡子村易华仙等为代表的妇女针对当时生产中男女同工不同酬的现象,率先提出了同出一天工,男女要计同样工分的要求。自此，男女同工同酬在全国各地普遍推广，"妇女能顶半边天"的口号响遍大江南北，还深刻影响了全球的妇女解放运动。

另外，新中国女性的受教育水平得到了巨大的提升。2017年，普通高等学校本专科在校女生占在校生总数的比例已达52.5%，女研究生占研究生总数的比例已达48.4%。

说到职业女性，美国国家统计局曾对各国劳动人口的总数和人口参与劳动的比率发表过一组调查数据。数据显示，在中国，女性参与劳动的比率达到70%。70%的女性劳动参与率厉害到什么程度呢？要知道法国男性的劳动参与率才只有62%，法国女性为50%，新西兰女性为60%，美国女性为58%，日本女性为30%多，印度女性仅仅为28%。

纽约工作生活政策中心的一项研究显示，中国女性是全球最有事业心的女性。美国只有52%的女性希望在公司内担任高管或者最高职位，而在中国，有这种想法的女性比例高达76%。

现在，我们正在经历一个崭新的历史时刻，女性的地位正在悄悄地发生着转变，尤其是在一线城市。吴晓波频道发布的《2017年新中产白皮书》中的调查数据显示，2017年，新中产们第一胎生女孩的意愿超过生男孩的意愿，他们已经不像过去的人们那样强烈偏好"头胎生子"了。这个数据也说明女性地位正在发生不可思议的变化。2020年更是被称为女性意识觉醒的元年。女性地位和意识的变化在影视作品里也有所体现。

从十多年前开始，偶像剧逐渐淡出荧屏，被观众诟病最多的是演员夸张的表演和现实生活中根本不可能出现的剧情。2010年前后最热播的电视剧多少都带点现实生活中的烟火气，呈现最多的是婆媳关系、婚姻危机和中年危机等家长里短的内容。最近两年，女性已经开始厌倦"霸道总裁爱上我"的戏码。

当下，女性梦想成为的角色已经从傻白甜变成了《我的前半生》中的唐晶，《都挺好》中的苏明玉，《在远方》中的陆晓鸥，《三十而已》中的顾佳或者《你是我的荣耀》中的乔晶晶……这些影视剧中的女性都拥有自己的事业，拥有独立的经济、独立的思想和人际关系。面对不合适的婚姻，她们能摒弃老一辈为了面子、为了孩子、为了家庭能忍则忍、牺牲自己的思想，选择勇敢放弃，重新出发。

作为一名追求各方面独立的女性，我在毕业后果断选择了在魔都做一名沪漂，这期间经历了很多困难，但恰恰是这些困难倒逼我成了一名独立女性。虽然奋斗的过程中交织着酸甜苦辣，但我也因此拥有了自由，活出了自我，并且变得越来越自信，我的生活也越来越精彩。

在如今的社会，男性和女性越来越平等，尤其是在大城市里。我相信很多像我这样的女性不仅给她们喜欢的、适合她们发展的城市带去了活力，更收获了独立的经济地位和精神自由，以及丰富多彩的人生。

职业选择的多元化

从很小的时候开始，父母就倾向于区别对待男孩和女孩，并鼓励孩子们玩与性别相符的游戏（男孩玩汽车，女孩玩洋娃娃）和课外活动（男孩打篮球，女孩跳舞）。老师和父母对不同性别的孩子分别抱有不同的期望，他们希望男孩性格坚强，身体健康强壮，而希望女孩要温柔乖巧。

教科书里也经常描述从事不同工作的男性和女性（例如男性是医生，女性是护士）和社会角色（例如事业型的父亲和全职母亲）。此外，媒体也在按性别划分职业和社会角色，电视节目、电影和广告对男性和女性基于刻板印象进行刻画。

这些都在潜移默化地影响着女性的职业心理，比如，选择去做程序员和机械方面工作的女性需要经受更多的心理挑战。

榜样也会影响女性的职业选择。由于男女在各种职业中所占比例不同，因此在以男性为主的职业，如建筑师、程序员和警察等中，女性榜样更少。而在教育、护理和公益工作中，女性更容易找到榜样。

所有这些都在影响着女性的职业选择。值得欣慰的是，这种情况正在悄悄发生变化，女性的职业选择相比以前已经更加多元化了。我有一位好朋友王争，37岁的时候放弃了4A广告公司高管的工作，卖掉了房子去学开飞机。她从开小飞机到开大飞机，再到成为首位环球飞行的亚洲女性，最后成了美联航的机长，完全活出了和绝大多数同龄人不同的状态。她敢于挣脱外界对自己的预期，勇敢做出忠于自己内心的选择。新生代人群里这样的例子就更多了。我还有一位朋友是一家全球著名消费品公司的科学家，她七岁的女儿就说自己将来想成为像妈妈一样的科学家。

女性与生俱来的核心优势

女性和男性生理上的不同，使得她们在职场上具有与男性不同的特点。综合职业女性的各种优势，女性在职场中绝对是一股不容忽视的力量。美国国家女性及技术中心的研究表明，男女比例比较平衡的团队比单一性别的团队在IT专利技术上的贡献率要高26%~42%。而美国一家非营利组织Catalyst的研究显示，管理层中保持性别平衡的公司的财务表现更突出。相比之下，管理层拥有较多女性的公司的销售利润率至少高出16%，基本投资回报率高出26%。

女性与男性相比，其主要优势体现在以下几个方面。

看重细节

女性前额皮质中的脑部细胞数量较多,这个区域用于克制冲动、控制判断力等。因此,当男性和女性面对同一张海报时,男性对视觉空间比较敏感,而女性更关注视觉冲力。在工作方式上,男性善于把握大局,而女性更注重细节。

记性好

大脑中的海马体主要负责学习和记忆。女性大脑中海马体的活性比男性的更强,因此女性的记忆力总体来说比男性的好。科学研究表明,即使在更年期记忆力下降了,女性在所有记忆力测试中仍然表现得更好。

语言表达能力出色

美国心理协会前主席戴安娜·F. 哈尔彭(Diane F.Halpern)在其著作《认知能力中的性别差异》(*Sex Differences in Cognitive Abilities*)中指出,女性在语言能力方面有几项出色的表现,平均而言,女性的阅读理解和写作能力始终超过男性。台湾地区的洪兰教授提道:"男性每天讲 7000 个字,女性每天讲 20 000 个字,女性爱讲话是天生的。"

她职场 *SHE*
POWER 活出女性光芒

天生坚韧

女性比男性的忍耐力更强，这已是人们的一种共识。我们常常发现男性在大多数时候很强大，但是在面临人生最大的困境和低谷时很容易变得消沉；相反，很多女性在陷入困境时，潜力却能被极大地激发，能够力挽狂澜，表现出跟平时截然相反的一面。

董明珠就是一个典型的例子，她出生在江苏一个普通的家庭中，36岁之前的人生平淡无奇。丈夫去世后，她不得已南下讨生活。她在格力从基层业务员做起，从来没有销售经验的她凭借其坚毅和"死缠烂打"的个性，用40天追回了以前留下的42万元客户债款。在她的带领下，格力公司连续很多年的销售额和利润都是全国同行业第一。她把格力公司从一家普通公司带到了如今年销售额千亿规模的大集团公司。她在职业生涯中将自己性格中的坚韧体现得淋漓尽致。她的竞争对手说："董姐走过的地方寸草不生。"董明珠这一路走得极其艰辛和不易。不过，她经过不断的努力，凭借坚持和忍耐，最终成就了一番事业。

擅长处理人际关系

相比男性，女性能更有效地发挥与情商和社交能力相关的领导力和管理能力。在公司内，女性交友的速度往往快于男性。从同性的角度来说，女性和女性之间很容易产生共同的话题，如服饰、老公、孩子等。

女性和男性也容易建立起友好的关系。女性在遇到反对意见的时候，也善于换位思考，而不会一味地要求对方服从，这样的做法常常能够赢得人心。女性可以以不同的面貌、迥异的风格与外界互动，既可以豪迈大气、雷厉风行，也可以温柔似水、心细如发。

电视剧《大宅门》讲述了传奇中医世家白家老号经历不同年代的风雨历程，主人公白景琦的母亲白文氏就是一位非常擅长处理人际关系的女性。白文氏是白景琦唯一佩服的人，不仅仅因为白文氏是他的母亲，更因为她在管理家族的过程中显现出来的才能和魄力。白文氏既强势，又善良，既充满智慧，又奉行"以和为贵"的宗旨，和其相处过的人都给予了她高度的评价。白文氏目睹了白老太爷刚烈的个性给家族带来的一系列灭顶之灾，因此在为人处世中，处处保留一份包容之心，这也是她能够确保家族荣耀数十载的关键所在。比如，季宗布先生刚被请来做白景琦的老师的时候，为了制服白景琦的顽劣个性，当众打了白景琦。仆人们跑来向白文氏告状时，白文氏本来要去学堂那边质问一下情况，但是走到半路上，她又回到厨房，亲自为季宗布先生多做了两个菜，并对先生的教育有方表达感谢。季宗布先生自然是万分感动，此后尽心尽力教授辅导白景琦，使白景琦成为可造之才。

直觉更准

男性的大脑前后区的连接性比较强，女性大脑的胼胝体更大。胼胝体是连接左脑和右脑的通道，因此女性大脑左右区的连接性比较强。当女性接收的信息太多时，有些信息就进入了潜意识。当需要判断的时候，这个信息就会冒出来，影响女性的判断。这可以被理解为女性的直觉。女性的直觉常常让人觉得不可思议。

女性一共有 14~16 块大脑区域能够帮助她们评估他人的行为，而男性的大脑里能够完成同类功能的区域却只有 4~6 块。我有一位在 500 强公司担任总裁的朋友，她每次参加完公司内部全球的高管会议以后，都能迅速地察觉出与会者之间的各种微妙关系。作为女性，我们要相信自己身为女性的直觉，并积极培养自己的直觉思维，这有利于我们更好地进行管理工作。

在工业化时代的集权化管理下，男性因更擅长逻辑思考、更理性而拥有绝对的优势；当进入数字化时代之后，组织从等级森严的科层制转变成弹性扁平的网状结构，从而使当今的职场优势也发生了根本转变。目前，很多女性领导力研究专家倾向于认为，在数字化时代，职业女性更具有柔性优势。毕竟，管理不再只是清晰地发布指令，而是要以激活个体活力为主，充分倾听和鼓励，以激发员工的潜能；擅长人际关系有利于在组织内外创造更多的共生，而非竞争。

总之，虽然女性在职场面临很多困境，但也有其独特的优势。或许，让女性大放异彩的最好的时代已经到来！

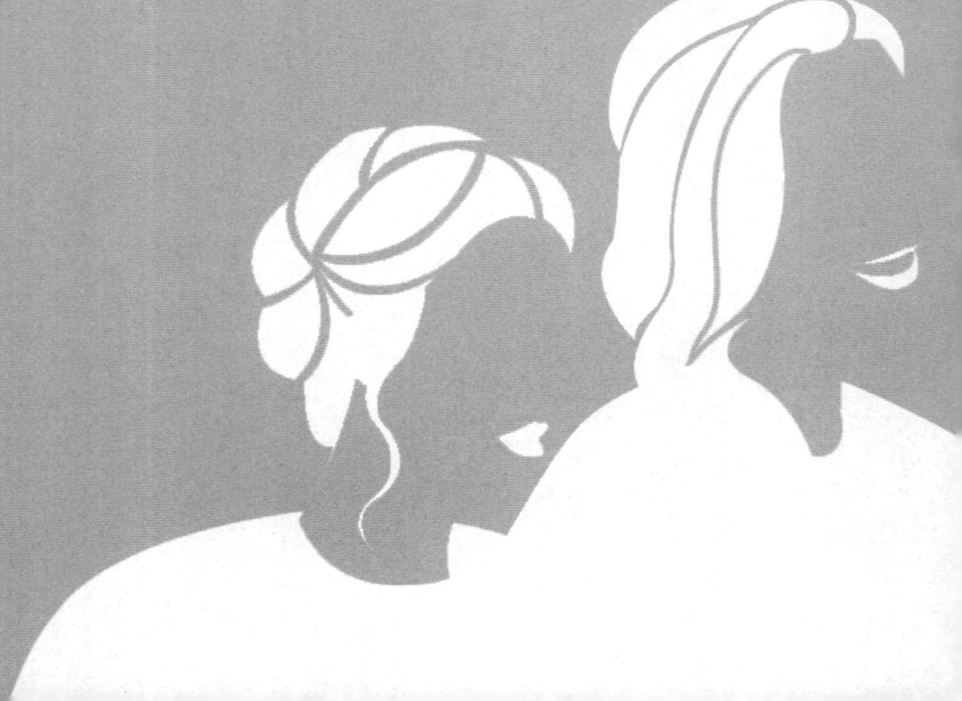

02

担当人生不同角色，
各有各的精彩

她职场 *SHE*
POWER 活出女性光芒

不同的选择，都通往更幸福

2019年，一部名为《大龄女青年》（*Leftover Women*）的纪录片通过网络进入人们的视野并引发热议。该纪录片由以色列导演希拉·梅达利亚（Hilla Medalia）和肖什·莎赫拉姆（Shosh Shlam）执导，讲述了三位被社会归类为"大龄青年"的30岁以上的中国女性所经历的婚姻困局。

这三位女性都是拥有高学历和体面职业的专业人士。34岁的律师邱华梅来自山东农村，凭借努力和聪慧考上了大学并在北京站稳脚跟，但她始终找不到与自己旗鼓相当且尊重自己丁克意愿的男性伴侣。28岁的电台主持人徐敏习惯听从父母对自己婚恋的意见，结果几段恋爱都在母亲的反对下无果而终。36岁的大学老师盖绮在社会和家庭的压力下，最终降低预期和条件，嫁给了并不"门当户对"的老公，从而过上了符合社会规范的婚姻生活。虽然觉得这样的生活"无聊",但由于放弃了与主流观念的抵抗,她又开始感到了"踏实"。

该纪录片的两位导演在过去四年里完成的这部纪录片真实到令人惊讶。2007年,"剩女"一词正式进入人们视线中。在之后的几年里,人们逐渐意识到,"剩女"一词包含了对女性的歧视和贬低以及将女性身体工具化(到了年龄就应该生育)的倾向。2016年,《羊城晚报》智慧信息研究中心、华南理工大学数据新闻研究中心和中山大学心理学系联合发布的《中国城市"剩女"问题大数据研究报告》显示,人们已经开始正视这一群体,甚至为其贴上了"高学历""独立优秀"等正面标签,而大龄女青年也成为城市中"理所应当"的存在。

即便如此,对女性结婚生育的传统期待依然与女性适龄单身的事实相冲突,比如导演莎赫拉姆在拍摄《大龄女青年》期间访问了邱律师供职的事务所,发现已婚和未婚的女律师在不同的房间里工作。邱律师说:"你(单身女性)真的会觉得自己差人一头,压力无处不在。"

在2016年出版的《我的孤单,我的自我:单身女性的时代》(*All the Single Ladies: Unmarried Women and the Rise of an Independent Nation*)一书中,作者丽贝卡·特雷斯特(Rebecca Traister)指出,城市自古以来就是单身女性的庇护所,让女性得以离开乡村,结交其他女性,找到工作并赚取工资,从而获得些许自由。"哪怕只有短暂的一段时间,她们还是有机会推迟已被设定的未来,即成为依赖男性生存的妻子和母亲。"

然而,在众多城市女性被贴上"剩女"标签的现象中,我们还是看到了基于小农经济的封建家庭束缚在现代文明社会对女性的微妙影响。纪录片《大龄女青年》中的邱律师回到农村老家时,父母告诉她,她因为未能结婚生子而被邻居嘲笑了。父母自觉脸上无光,同时担忧邱律师未来会无人照顾。她回到城市后,积极相亲,但一位母亲得知她的职业后,觉得她可能会过于强势,也许会起诉未来老公的家人。当她找到一家婚介所帮忙时,她表明了自己对男方的要求:受过高等教育、愿意分担家务、尊重女性,包括尊重她不生育的意愿。婚介所的回应只强调了她的外貌、身体和性格——她长得不漂亮,年纪不小了,性格又太强势。

不论是在城市还是农村,更多单身女性都在艰难地对抗着传统文化对女性的定位和期待,邱律师只是其中之一。特雷斯特记录道:"美国单身女性的数量(包括无婚史、丧夫、离异和分居女性)在历史上第一次超过了已婚女性。其中,34岁以下无婚史的成年人数量占46%……30岁以下女性结婚的可能性极小。如今只有大概20%的美国女性在29岁前结婚,而在1960年,这一数字为近60%。美国人口资料局报告将未婚青年比例已经高于已婚青年的现象称为'大反转'。"

根据 2018 年《中国统计数据年鉴》，在我国成年适婚人口中，单身人口数已达 2.6 亿，单身率高达 18.6%，且呈不断上升趋势。由于长期以来的性别比例失衡，适婚男性更有可能被迫单身。随着女性受教育和工作机会的增加，女性择偶条件也在不断提高，因此适婚女性更可能主动选择单身。2016 年的一项调查显示，我国 36.8% 的单身女性认为不结婚也会很幸福。

尽管越来越多的女性主动选择单身，但对婚恋的旧规则和思想观念依然盛行时，单身女性在新旧思想的碰撞中，如何应对不同于以往任何时代的婚育现实，并探索出新的生活方式呢？她们乃至整个女性群体在职场中将何去何从？也许答案就在今天的每一位单身职业女性身上。

婚姻可以期待，但不强求

随着改革开放带来新自由主义思潮，人们开始突破集体的枷锁，不再为"家庭"的小集体压抑自我欲望。这反映在婚姻上，就是 80、90 后的起诉离婚率达到 51%，远高于 60、70 后等其他年龄段的人群（以 2017 年的数据为例）。自 2003 年以来，离婚率已经经历了 15 年连涨。

如果说不再为家庭而妥协是个性解放的迹象之一，那么不婚就是对传统婚姻结构的最大抵抗和冲击。我国民政部 2018 年的数据显示，全国平均结婚率为 7.3‰，创下 2013 年以来的新低。2019 年，结婚率更是降至 6.6‰，并依然呈下降趋势。此外，选择婚姻的人也并不急于进入婚姻。公开资料数据显示，2015 年全国平均结婚年龄为 26 岁，而在 20 世纪 70 年代则为 22.8 岁。

显然，当代适婚青年正走出父母辈所坚守的生活方式，拒绝在集体裹挟下步入婚姻或维系压抑自我的婚姻。尽管结婚生子仍是我国传统文化中难以撼动的基石，但随着个人主义的盛行以及大城市的迅速发展（城市对不同生活方式的包容），适婚青年，特别是女性在成年进入社会后，不再将婚姻视为生活的标配。她们会考量自己在婚姻中的得失，从而做出审慎的选择。睿问社群中有一位 32 岁的女性创业者曾说："对我来说，婚姻必须得一加一大于二，不然的话，我宁愿一个人生活。"在我们的小范围调研中，绝大多数 30 岁以上的单身职业女性会考虑结婚，但不强求。

当代女性对于婚姻的主动性以及审慎态度正标志着婚育转折点的到来。特雷斯特在《我的孤单，我的自我：单身女性的时代》一书中写道："数百年来，几乎所有的女性都被理所当然地推上一条她们不得不走上的'高速路'，即尽早找一个男性结婚，然后生儿育女——不管她们有什么个人意愿和理想抱负，也不管当时环境如何、结婚对象是否合适。如今这一局面已被打破，现代女性已有更多的自由选择，面前有无数条可以选择的道路……并以不同的速度向前延伸。"

一方面，女性在家庭之外有了可以养活自己的多种职业选择；另一方面，传统婚姻和家庭模式令更多的职业女性望而生畏。在对一名32岁的美容行业工作者的采访中，受访者谈到了中国婆媳关系的复杂、男性对于母亲的过多依赖、社会对女性应承担大部分家庭责任的偏见，以及社会在生育补助和支持方面的缺口。"我和男朋友在很多不可调和的矛盾爆发之后选择了分手。我现在可以养活自己，每天除了工作没有太多复杂的关系需要处理，而且身边结婚的女性朋友生活得也并不轻松，所以我还比较满意现在的单身生活。"她告诉我们说。

新兴生活和家庭模式

选择单身的确会给职业女性带来一定的自由时间——她们可以暂时摆脱一直以来困扰职业女性的"家庭与工作平衡"问题，并专注于发展自己的事业，特别是在未育的情况下。美国的数据显示，大约80%的25~54岁之间的单身女性都处于在职或求职的状态。多名单身职业女性表示："单身且没有孩子可以让我们全身心地投入事业中，从而获得更多的机会和回报。"《我的孤单，我的自我：单身女性的时代》一书中就引用了新闻记者杰西卡·贝内特（Jessica Bennett）在24岁被人求婚时的第一反应——"我一看到那枚戒指，就预见到一堆脏兮兮的碗碟和琐碎的郊区生活……我马上就要起步的事业会突然间变得遥不可及……马上就能实现的独立就要被人夺走。一想到这些，我就喘不过气来了。"

她职场 SHE
POWER 活出女性光芒

伦敦政治经济学院行为科学教授保罗·多兰（Paul Dolan）的长期跟踪调研同样显示，未婚未育的女性是幸福感最高的人群，而男性是在婚姻中受益的群体；中年已婚女性的身体和精神状况风险则会高于单身同龄女性。

另外，单身女性在职场中更容易从家庭责任中解脱出来，获得更多自由支配的时间。在我们采访的 30 岁单身职业女性中，有人表示"单身没有负担""有更独立的自我、更多私人的时间去思考和心无旁骛地拼搏"。一位 32 岁的公关经理则称："单身在职场里唯一的优势就是时间自由。"

这里要注意，她说的是唯一的优势。或者说，女性在职场打拼多年，获得了相对多的自由后，社会和家庭是否认同这一生活方式并给予支持呢？答案显然是否定的。在美国和东亚一些推崇婚姻的国家地区，到了 30 多岁仍没有结婚的女性会被视为非主流人群，并被贴上各种不友好的甚至是歧视性的标签，就像我们在《大龄女青年》这部纪录片中看到三位女性经历的来自家庭、职场和婚恋市场的歧视和误解。特雷斯特也写道："她们并不认为自己身处一个以单身人士为主导的全新世界；恰恰相反，她们觉得受到了排斥，压力重重，还要面对家人和身边人的不满。"

在我们采访的女性中，几位女性都提到，她们"受到了来自家庭的歧视，家人的传统思想还是很重"，或者"在换工作的时候，因年龄和婚姻状况受到异样的眼光"。另一位女性更是提到，"每次与家人产生争执，或是讨论自己在生活和工作中的困难时，最终的问题总是被他们归结为我至今还没有结婚。即便同龄的已婚朋友也有这样那样的困扰，但他们不会把婚姻本身当作所有问题的根源"。

即便是事业取得巨大成功的单身女性依然要受到传统家庭价值观的评判。2020年6月，某著名舞蹈家在微博账号发布了一条生活视频后，底下出现了一条评论："一个女性最大的失败是没儿没女。"这条评论立刻引发了热议。虽然此后多名女星以及大量网友表达了"女性的价值不仅仅体现在结婚生子上"，但这位舞蹈家60岁不婚不育的事实似乎仍是她被视为"异类"的端由。到了一定年纪仍不婚不育的女性在职场中难免会遇到"她为什么不结婚？是不是有什么问题？为什么不和别人一样过传统的生活"等质疑。有些女性朋友也曾表达过这一困扰。她们发现自己很难进入已婚已育女性同事的小群体，并被当成"有过海外留学背景，过于自我、很特殊，甚至是不擅长沟通，有些幼稚"的人。

是的，除了极可能被贴上"怪人"的标签外，30岁以上的未婚未育职业女性还容易被视为还未进入以结婚生子为标志的成人状态。美国加州大学圣芭芭拉分校心理学教授贝拉·德保罗（Bella DePaulo）用"单身歧视"（singlism）来定义这种对单身人士的偏见。她指出了已婚已育员工对单身员工居高临下的态度："很多人真的相信，已婚人士（和为人父母的人）在生活中所做的事情，比单身人士（或没有孩子的人）生活中的任何事情都重要。"她们甚至认为，"让单身同事加班到很晚，在周末和假期来上班，接受别人不想要的出差任务，是公平的"。2019年，《赫芬顿邮报》对503名美国成年全职女性进行的网络调查显示，约28%的人表示，有孩子的女性更可能在工作时间等方面获得灵活性。但实际上，女性单身员工远不像雇主想象的那么孤僻和"没有生活"，她们也会积极地为自己的社区做贡献，会资助伴侣和家人，很多人还担负着照顾家人和朋友的责任。

除了个人时间被挤压和轻视外，单身人士在财务方面往往更需要做好保障工作，毕竟双人家庭更可能有更高的收入以及失业风险保障。但雪上加霜的是，社会和职场对单身人士，特别是对女性的保障不全，并限制了这些女性的升职加薪空间。《赫芬顿邮报》的民意调查显示，已婚女性比未婚女性更倾向于认为婚姻状况对自己的事业有帮助，因为有些老板可能会把父母身份作为加薪的理由。例如，联邦工作人员凯西·哈曼（Kathy Hamann）和她姐姐做着同样的工作，但同一年里，她姐姐加薪两次，而她却从未获得。她说："我去找管理层，却被告知'她有孩子要养，而你没有'。"

我们也不能忽略低收入人群中的单身女性。特雷斯特指出，单身女性的独立往往要付出代价。"很多单身女性生活贫困"，很可能还有孩子，并因为个人财务的脆弱性，不得不再次进入糟糕的婚姻，之后可能再次恢复单身。但研究表明，这些女性的脆弱性源于贫困本身，而非单身状态。尽管我们庆祝高收入女性在婚姻之外有了更多的选择，但也要注意有时单身并非个人的自由选择，而是一种必然的结果。

但无论如何，从全球范围来看，单身正在成为一种新兴的生活和家庭模式，并逐渐得到认可。即便在婚姻观念保守的国家和地区，仍有越来越多的人顶着巨大的社会和家庭压力，主动（或被动）选择了单身。但正如特雷斯特所说："社会需要时间，而且需要好几代的时间，才能适应家庭结构的巨大变化。当女性从传统预期中解放出来，很难马上有新的方法来应对或重新构建这个世界。"社会必须做出调整，我们必须做出改变。

在此之前，每个在较长一段时间内保持单身甚至不婚的女性，都要为自己的革命性选择与现行制度和观念斗争共存，找到令自己舒适的生活方式，甚至为下一代女性开拓全新的成人生活模式——她们不必再为不婚或晚婚而焦虑，因为有了上一辈单身女性的多种人生轨迹可做借鉴；她们不会再因为大龄单身而精神焦虑或经济窘迫，因为上一辈众多单身女性让单身女性不再被归为非主流，并争取到了更多的社会和公司保障、开发出了更多的退休养老方案。

纪录片《大龄女青年》的女主角邱华梅选择远走欧洲，并在德国定居结婚。她说她之所以选择参与这部影片，是因为想帮助身处相同境遇的女性，让她们不再感到孤单。当她看到自己被家人催婚到崩溃哭泣的片段时说："在和家人争吵后，我以为自己是个失败者。但再回看这部电影时，我看到了自己的强大。"但愿所有长期单身的职业女性都能拥有从容和幸福。

步入婚姻，依然保持独立自我

在女性主义的研究中，不论是激进女性主义流派、结构主义女性流派，还是社会主义女性主义流派，婚姻都被诠释成男权统治的一部分，是束缚女性个体发展和自由的桎梏。史上最负盛名的女性主义者之一西蒙娜·德·波伏娃（Simone de Beauvoir）对婚姻做出了全面的哲学批判，而她本人终生未婚，只是和伴侣让–保罗·萨特（Jean-Paul Sartre）保持着在今天看来依然前卫的开放式关系。

然而，在流行文化和现代消费社会中，婚姻更多地被刻画为女性的归宿、男性的囚笼。奥特本大学心理学教授诺姆·什潘塞（Noam Shpancer）在"今日心理学"（Psychology Today）博客中不无戏谑地评论道，婚礼杂志的目标读者基本都设定为新娘，而非新郎。新娘的婚纱是婚礼的重头戏；相比之下，新郎的礼服受到的关注和制作费用则不值一提。

在商业广告和媒体上，婚礼这一天被看作女性最美、最幸福的时刻，是所有女性儿时的梦想成真的时刻。深谙大众文化并拥有大量女性读者的张爱玲在《金锁记》中写道："男子对于女子最隆重的赞美是求婚。"美国流行歌后碧昂斯在那首风靡全球的《单身女郎》(*Single Ladies*)中奉劝男士给自己心爱的女性"戴上婚戒"。某知名中式饼店则在宣传本店传统礼饼"嫁女饼"时，打出了这样的口号："嫁，就是给女孩一个家。"

然而，对男性而言，婚姻被塑造为诱惑力极低的选择，甚至是一种惩罚。婚姻意味着牺牲单身的自由和浪漫，包括财产的减损，因此他们很不情愿给女性终身承诺，不愿为一个女性"放弃整片森林"。在深入人心的刻板印象中，女性往往是急切等待（甚至要通过威胁、算计来迫使）对方求婚的一方，而男性则是犹豫给出承诺的一方。

既然舆论环境让女性觉得"锁定"一个男性如此重要，那么女性必定会在婚姻中受益更多吗？大量实证研究显示，答案恰恰相反。社会科学研究证明，婚姻往往可以提高健康、财富和幸福程度，对婚姻中的男性尤其如此。相较之下，女性在婚姻中得到的福利少得可怜。实际上，普遍来看，已婚女性并不比单身女性过得更好。这也就解释了为何急于结婚的女性，反而也往往是迫不及待想离开婚姻的群体。美国的研究数据显示，大概 2/3 的离婚诉讼由女性提起；在中国，近年来最高人民法院离婚纠纷司法大数据专题报告数据则显示，70% 左右的案件原告为女性。

她职场 *SHE*
POWER 活出女性光芒

婚姻究竟是流行文化中女性的终极成就，还是女性主义研究中男权社会对女性的制度性压迫呢？澳大利亚乐卓博大学社会学讲师肯·邓普西（Ken Dempsey）在其2002年发表在《社会学期刊》的学术论文指出，后者在实证研究中得到调查对象的认同。多名学者的调查显示，绝大多数女性在家庭中仍主要承担无偿家务劳动，特别是在养育子女方面；女性为家庭提供的情感抚慰远多于自己接收到的包容和情感支持。更重要的是，女性往往会为婚姻牺牲个人休闲时间和放弃职业目标；在双职工家庭中，如果双方中有一个人必须为照料子女或家人退出职场，那这个人一般是女性。

在波伏娃看来，婚姻将女性物化——特定男性（父亲）将女儿"交给"另一个男性（丈夫），完成了男权的延续。婚姻保障了这一集体的长期利益，但女性要想受到丈夫的庇佑，就必须放弃个体的爱情。此外，婚姻让女性的家务劳动成果归属于家庭，不能直接作用于社会，导致女性无法因这部分劳动体现社会价值，进而加强了女性的依附性。波伏娃在其所著的、被誉为西方妇女运动"圣经"的《第二性》一书中写道：

> 她加入了他的家庭，成为他的"一半"……既然丈夫是生产劳动者，他就是超出家庭利益而面向社会利益的人……他通过社会合作开创自己的未来，所以是超越的化身。而女性注定要去延续物种和料理家庭，也就是说，注定是内在的……对男

性来说，婚姻是延续和发展的完美结合，但对女性来说则不然。她的工作只是千篇一律地延续和抚养生命……但是，她不可能直接影响未来或世界，她只有以丈夫为中介，才可能超越自身，延伸到社会群体。

波伏娃写作的时间是20世纪40年代，但80年后的今天，多数女性，即便是生活在发达国家的现代职业女性，仍在不同程度上陷于这一"残留古老形式"的囹圄之中（如生育仍被不少人视为女性的最大价值、女性在职场普遍面临隐形偏见、争担双倍重于同级男性的家庭责任等），更不用提生活在落后地区的、自我价值仍受限于家庭和婚姻的贫困女性了。

随着时代的变迁，我们确实看到了女性精神的进步，特别是更多女性参与社会工作后带来的实际改变。如今从全球来看，出于经济考量，婚姻中的伴侣往往都会进入职场。特别是在中国，女性劳动参与率高达70%，居世界第一。此外，随着女性受教育程度的提高，更多的女性进入了权力和收入的顶层。因此，不少后结构主义女性主义者和后现代女性主义者都指出，绝大多数女性无法参与社会工作的时代已经过去了，女性工作权力的崛起正在颠覆过去性别严重不平等的局面。即使在婚姻这一传统男权制度中，女性也可以发挥主动性，比如要求夫妻承担同等的家政工作，或者由男性承担主要家务和育儿职责。

她职场 *SHE*
POWER 活出女性光芒

女性就业对两性平等事业起到了关键性的作用，特别是对拉近婚姻中固有的两性权力的差距而言。如今，女性在进入婚姻前可以用更长的时间发展事业，建立自己的事业根基和社会人脉关系，而非在毕业后就组建由夫家主导的家庭。不少有职业抱负的高潜女性在进入婚姻后并没有为家庭终止事业发展的意愿。哈佛商学院性别研究部门 2012 — 2013 年对 2.5 万名哈佛商学院毕业生的调研结果显示，只有 11% 的女性因育儿离开了职场。在年轻的千禧一代中，只有 1/4 的女性期望伴侣的事业更重要（相较之下，一半男性期望自己的事业更重要），不到一半的女性期望她们负主要的育儿责任，虽然 2/3 的男性期望伴侣承担大部分育儿工作。

据不完全统计，我国 90% 左右的女性在婚后依然会参与工作（近年来有所回调）。北美和欧洲的数据显示，超过 65% 的伴侣都会建立双职家庭。即便在有"主妇文化"的日本，也有近 50% 的双职伴侣。从全球范围来看，女性走出传统婚姻及育儿期望的意愿和能力不断增强，但枷锁依然存在，比如社会对"好妻子""好妈妈"的苛求，以及难以分担的家务劳动造成不少高潜女性或遗憾地离开职场，或家庭关系紧张，或产生职业倦怠，变得身心俱疲。

珍妮弗·派崔列（Jennifer Petriglieri）就曾陷入这一困境。她是英士国际商学院（INSEAD）组织行为学副教授，并基于 6 年来对双职伴侣的研究，于 2019 年 10 月出版了《双职伴侣：如何获得爱情和事业双丰收》(*Couples That Work : How to Thrive in Love and at Work*) 一书。珍妮弗为完成新书采访了世界各地处于不同职业和生活阶段的 100 多对伴侣，尝试解答一直以来让她备感困惑的问题："当伴侣双方都极富野心且处在事业上升期时，他们如何能兼顾家庭职责并共担育儿重任呢？"

作为女性，珍妮弗对这个话题有着切身感受。她还记得，2010 年凌晨 3 点钟，由于无力再应付高强度的全职工作和两个年幼孩子的育儿工作，她决定放弃自己的事业，虽然她本人刚刚从企业界转入学术界，正雄心勃勃地想要在新领域有所作为。到了早餐时间，她告诉了同为学者的丈夫吉安皮罗·派崔列（Gianpiero Petriglieri）自己的决心，得到的回应是："这太荒谬了！"

自此，她开始研究成功双职伴侣应对传统婚姻挑战的"秘诀"，如怎样公平地进行劳动分工；谁的职业生涯更重要；一方职业出现变动后对另一方产生不利影响的话，该如何应对，等等。她的结论是，"秘诀"并不是做一种固定的安排，而且一旦伴侣双方专注于严格的劳动分工和职责分割，就容易陷入权力持续失衡的陷阱，或者说关系的终结。她发现，如果成功的双职伴侣之间真的有共同点，那就是他们不会纠结于与金钱、育儿或家政相关的具体安排，而是会就自己的原则和价值观进行深入沟通，并给予对方追求真正所爱的支持；双方若能达成这一共识，不论对方能否实现抱负，都不会影响双方的关系。

具体来说，伴侣双方面临的困境往往出现在三个特定的转折点上。第一个转折点出现在关系的开始，即伴侣从独立生活和发展事业走向相互依赖的整体时；第二个转折点往往发生在双方40多岁时，通常被称为"中年危机"，即一方或双方开始重新审视自己的职业或生活道路时；第三个转折点通常是由生命后期角色的转变引发的，比如职业生涯出现停滞或衰退，或者孩子离家——这些转变通常会带来失落感。

珍妮弗在给《哈佛商业评论》2019年10月刊的供稿中简单举例说明了双职伴侣在这三个阶段中所面临的挑战。贾迈勒和埃米莉是一对年轻夫妻，都是工作繁忙的管理人员。恋爱期间和婚前三个月时，他们尚可以安排好家庭时间并享受融洽的伴侣关系。但随着埃米莉的怀孕和贾迈勒被外派的职业变动，一切都开始变得十分艰难。女儿艾莎早产两周，但贾迈勒回国时被困在机场，埃米莉只能一个人照顾艾莎，做家务，还要兼顾工作。她和贾迈勒都感到压力巨大并且争吵不断。他们不得不确定新的解决方案，即以收入较高的贾迈勒的事业为重，埃米莉降级，一家人去贾迈勒被外派的国家生活。但埃米莉因事业发展停滞而颇感失望和不满，在贾迈勒被迫再次接受工作调动安排时，夫妻矛盾由此激化。

在他们的解决方案中，珍妮弗认为他们并未就自身价值观和关注点展开讨论，而是主要根据谁赚的钱多来做决定的，忽视了其他方面的需求，结果造成两人关系紧张。在安排事业和分摊家庭责任时，"一味追求平摊不一定是最好的办法,一方一味配合另一方的事业发展也不可行"。

她给出了双职伴侣可以采用的三种协商模式:(1)主次模式,即一直以一方事业为主,主要的一方事业发展和工作变动的需求居于次要一方之上;(2)轮换模式,即双方协商定期更换主次;(3)双重主要模式,即设法兼顾双方的事业。

最终,埃米莉和贾迈勒就对方真正的关注点和诉求进行了讨论,并决定选择双重主要模式:两个人都做出妥协,重新选择了居住城市,让埃米莉能够离父母近些,从而得到更多的家庭支持,同时贾迈勒也必须控制出差时间。现在两人关系已经得到修补,并迎来了第二个孩子。

第二个案例与陷入中年危机的伴侣相关。40岁出头的卡米尔与皮埃尔在结婚之前都离过一次婚。卡米尔因前夫阻挠自己的事业发展而选择了离婚,皮埃尔因自己的工作调动导致前妻放弃事业而埋下了离婚隐患。双方在结婚前就决定采取双重主要模式,但两年后,卡米尔遇到了职业危机——她想寻求新的发展路径,摆脱外界期望,找到真正的自我。皮埃尔按照约定为她提供情感支持,同时又要兼顾家庭和事业,这使他感到疲惫不堪。珍妮弗指出,伴侣的这种改变很正常,可重新就对方的期望进行深入的讨论,并努力向新的角色转换。

她职场 *SHE*
POWER 活出女性光芒

第三种情况是双职伴侣进入生命下半段后，如何度过新的转折期。诺拉和杰瑞米都快 60 岁了。他们的父母相继离世，孩子们也长大离开了家里，事业上两个人也遇到了瓶颈——诺拉被迫退休，杰瑞米失去了主要项目。这样的改变又一次唤起了有关身份认同的根本问题："现在我是什么人？后半生我希望成为怎样的人？"最后，两个人决定携手重塑自我，一方面找新的工作，另一方面改变诺拉为杰瑞米提供支持的固定模式，向双重主要模式转变。因此，两个人的生活再次丰富起来，同时弥补了此前事业不平等发展的缺憾。

我们可以看到，双职伴侣保持长期稳定、融洽的关系的关键之一是进行公开、坦诚的灵魂对谈，之后能够进行灵活的角色互换，给予对方需要的支持，包括做出突破传统性别分工的安排。传统观念往往会给协商模式造成障碍，比如当要分出事业主次顺序时，女性的事业往往会被牺牲掉；反之，男性容易被视为"没有事业心"或"能力不足"。但在我们的调研中，不少女性表示，男性同样有育儿的天赋和意愿，只不过碍于社会压力和公司制度，不能充分参与到育儿工作中。

一位女性指出，现在国外很多爸爸都会主动负起育儿责任，甚至承担主要责任，为职业发展进入快车道的妻子分担压力。她提到了自己的邻居，"我家邻居有个男孩，爸爸来自瑞典，妈妈来自中国香港地区。在他们家，妈妈在投行工作，提供经济收入；爸爸是全职父亲，经常和我这样的全职妈妈一起遛娃，分享育儿经验，也乐在其中。"在我们采访的成功职业女性中,打破传统事业主次模式的案例已经很常见了,这足以说明:虽然婚姻中两性分工的刻板印象仍根深蒂固,但随着女性收入和话语权的提升,伴侣之间的协商模式也有了更多的可能性。这让婚姻成为更灵活、越来越兼顾双方需求的组合方式。

既是人母,更是自己

丽贝卡·特雷斯特在其著作《我的孤单,我的自我:单身女性的时代》中指出:"很少有人承认,女性可以通过无数办法在这个世上留下自己的印记,生育孩子只是其中之一。长久以来,生儿育女都是女性生活的首要原则,生育状态往往被认为是女性身上唯一值得关注的东西,而这掩盖了她们身上的其他特点。"丽贝卡·特雷斯特从小就想知道,童话里的女主人公在结婚生子后,故事就落幕了。难道所有有趣的女主人公都必须接受这样的设定吗?难道女性的一生就没有其他值得关注的东西,或者价值来源了吗?

抱着这样的疑问,她想到了火箭科学家、航天器推进领域的先驱伊冯·布里尔(Yvonne Brill),她发明的推力机制能够让卫星持续在正确的轨道上运转。然而,在她去世之时,《纽约时报》中关于她的讣告仅仅以描述她的烹饪技术作为开头——"她的俄式酸奶炖牛肉堪称一绝",同时着重介绍了她的母亲身份——在长达八年的时间里放弃工作,专心照顾孩子,她的儿子马修称她"是世界上最棒的妈妈"。直到介绍完这些后,讣告才开始细述她的科学成就。

布里尔并非唯一被强调以"家庭和子女为重"特质的杰出职业女性。特雷斯特随后还提到,33岁的女演员佐伊·丹斯切尔(Zooey Deschanel)2013年接受《嘉人》的人物专访时,被问到了是否会优先考虑生孩子,她回答道:"我不想回答这个问题。我并不是因为你问这样的问题而生气,而是因为你们不会问男性这样的问题。"

母亲的确是女性的重要身份之一,也是女性实现社会价值和获得尊重的来源之一,但为人母的重担常常也会变成女性的枷锁。长期以来,不仅在美国,在其他文化中母亲也被推向了近乎神坛的位置。韩国现象级电视剧《请回答1988》中的第五集一整集都在讲母亲的重要性——"听说神不能无处不在,所以创造了母亲"。在我国某些地方的宗族文化中,母亲更是被赋予了"传宗接代"的使命,而母亲与孩子之间的互相依附、难以分割的共生模式在中国家庭比比皆是——在中国人的情感中,母亲往往占据了最难以撼动的地位。

打破"母职神话"

在将母亲推向神坛的同时,社会对女性在生育、养育、教育子女方面也有了远高于对男性的预期,比如,绝大多数中国女性在一生中都会听到诸如"没有经历过生育的女性是不完整的""女子本弱、为母则刚"等论调。似乎成为母亲是女性的天职,是女性从女孩变为女人的转折点。女性的养育责任在传统观念中也是不可推卸的职责——为照顾年幼孩子而放弃工作似乎是社会默认女性退出职场的理由,即便像梅琳达·盖茨这样能力超强的职业女性在生育后也决定"不回去上班了"。

梅琳达在《女性的时刻:如何赋权女性,改变世界》(The Moment of Lift : How Empowering Women Changes the World)一书中写道:"作为女性,当我初次面临事业与家庭的抉择时,还很不成熟。以我当时的思维(一种无意识的惯性思维)来看,有了孩子以后,男性理当在外工作,女性理当照顾家庭。坦白地说,我认为女性回归家庭无可厚非,不过她必须是自愿的,而不是被逼无奈。我不后悔当初的决定,重来一次的话,我依然会这么做。只是在当时,我以为这就是女性的天职。"

在中国,能力强大的张瑛(马云妻子)、马东敏(李彦宏妻子)、张欣(潘石屹妻子)都是以照顾孩子为由退守家庭,即便是事业心极强的俞渝,也曾被合伙人劝说回家生老二。在普通家庭中,根据某交友软件联合中国传媒大学大数据挖掘与社会计算实验室共同完成的报告,71%的异性恋里,男性觉得必须养育孩子;但在离异家庭中,6个男性中只有1个选择要孩子,单亲妈妈的数量远远高于单亲爸爸。

在教育方面,母亲会为子女付出更多的时间和精力。超六成的离异单亲妈妈称,前任基本不参与孩子的教育。2012年一项对上海16个区县学生家长的抽样调查结果显示，母亲负起主要家庭教育职责的占到 62.4%，而父亲相应的比例则为 30.6%。

在高学历人群中，母亲在教育上往往更是亲力亲为。多家高校联合中国时间利用调查与研究中心，对 29 个省份约 1.25 万个家庭的 3.06 万个家庭成员进行调研，并发布了《时间都去哪儿了？中国时间利用调查研究报告》。该报告显示，受教育程度越高的女性，在陪伴孩子成长方面花费的时间越长。

薇妮斯蒂·马丁（Wednesday Martin）是耶鲁大学的人类学博士，为了孩子能接受最好的教育，她搬到了上流社会人士的聚居区纽约上东区，和其他上东区的妈妈一样，加入了这场看不见硝烟的教育战争。她在《我是个妈妈，我需要铂金包》（Primates of Park Avenue）一书中写道，上东区的妈妈也和其他阶层一样焦虑——她们几乎承担了全部育儿责任，为了将子女送入藤校并培育成社会精英而耗费了大量心思。马丁引用了社会学家莎伦·海斯（Sharon Hays）在 20 世纪 90 年代提出的"密集母职"（intensive mothering）的概念，即母亲几乎毫无保留地将所有时间都用来培育孩子，既教孩子烤蛋糕等生活技能，也为孩子的功课、找培训老师和课外发展活动而操心。

在中国，学者金一虹和杨笛的实证研究证实，"教育拼妈"这一社会现象已经在都市普遍存在。如果说纽约有"上东区妈妈"，那么北京有"顺义妈妈""海淀妈妈",上海有"徐汇妈妈""静安妈妈",等等。妈妈们几乎每周7天、每天24小时都处在焦虑中,为孩子的奥数、钢琴、马术等安排补习班,不惜下血本购买学区房,从幼儿园开始就为孩子申请顶尖学校,并为迎接严格的入学考试与面试而做好万全的准备……马丁指出,如果她们不能全方位培养孩子,让孩子成为新一代成功人士,她们就会感到愧疚和自责,认为是自己的失职,在社会上是落于人后的失败者。

长期以来,母职一直被视为崇高的、令人敬畏的事业。但这种崇拜的背面是将女性的付出合理化和正当化,似乎祭出这道光环,就可以无偿得到女性的家务劳动和生育成果。生育与养育这两项人类社会中最艰辛、最具价值的劳动始终以"母亲天职"的形式在私人领域中进行,被排斥在市场化劳动之外。日本著名女性主义学者、东京大学人文社会学系教授上野千鹤子指出,"以爱之名"免费获得母亲的劳动成果本质上是一种性别剥削,是榨取女性劳动价值的父权意识形态机制。

社会鼓吹母亲的牺牲精神和对母亲的过高期待也会严重绑架女性,无时无刻不在加深女性对自己"好母亲"定位的怀疑和焦虑。女性被鼓励成为母亲,不少家长甚至将生育说成解决一切问题的灵丹妙药。大量女性到了生育年龄,就会被频频催生,因为"过了年纪就不能再生育或不适合生育",而不生育就意味着人格的不成熟和人生的不圆满;女性被期待成为好母亲,一旦孩子有了不测或是触犯了法律,母亲总是逃脱不了公众的指责，似乎承担了和施害者一样的罪责。

对母职的神化和崇拜正在道德绑架女性，让女性陷入自我怀疑和舆论监督的深渊。是时候打破这一神话了——没有人会是完美的母亲，养育和教育的兜底责任不应由母亲一个人来承担。生育也不是女性必须负起的伟大责任，而是一种选择——这种选择和其他任何选择一样，都有利有弊。经常有人赞颂母亲的成就感和幸福感，但对成为母亲的损失则鲜少被提及。但如果我们不能公开讨论这些话题，母职始终会隐藏在光环后，始终不会成为女性的自由选择。

不用成为"完美"母亲

当前环境下，生育的重担让女性在全球劳动力市场都在被雇主边缘化。美国的研究数据显示，女性每多生育一名子女，薪资平均就会被减 4%，而男性薪资则会上涨 6%。联合国针对全球两性生活周期的贫困差距数据表明，女性和男性在成年以后，贫困率会大幅下降，两性之间无明显差距。但从 20 岁到 34 岁，女性贫困率比男性高了 2%，而这一时期恰恰与女性生育期重合。

女性因生育和养育而在就业市场蒙受收入、雇用和升职机会的损失，被社会学家称为母职惩罚。大量研究结果显示，这一现象在全球范围内都普遍存在，而且没有减少的迹象。日本公共电视台 NHK 特别节目录制组根据本台纪录片《调查报告：女性贫困——新连锁的冲击》编著了《女性贫困》一书，其中着重介绍了因生育和养育导致的女性贫困。"怀孕夺走了一切，包括工作、住处和人际关系。""非正式雇用的女性怀孕后会失去工作和住处自不必说；即使是正式职工，也有人最大限度地隐瞒身孕，借口说是得了急病，然后在此期间把孩子生下来。"

不仅在日本，其他国家的女性同样极可能在为人母后因休产假和照料幼儿而减少工作时间、放弃晋升和进修机会。比如 BOSS 直聘 2019 年的数据显示，在有 5 年到 10 年工作经验的人群中，男性相对于女性的晋升概率，从初入职场时的高 1.5% 一跃至高 12.1%，这一年龄段恰好与女性的婚育期重合。但这一现象在雇主处会得到负面反馈，加深了女性"容易对工作不投入"的刻板印象和偏见。雇主极可能采用降薪调岗的方式"帮助"女性重新适应职场，但这只能让女性处于更尴尬和被动的局面，在一定程度上也迫使她们在两难之下不得不放弃事业，"选择性退出"一词便是由此而来。又或者女性在求职之初就会考虑强度不大的工作，方便自己照顾家庭。女性很可能因此在整个事业生涯中都陷入低收入怪圈，难以在薪资和职位方面获得向上发展的机会。

如果女性选择不生育或者承担较少的养育责任，仍然会付出代价，尤其在"母职为天职"的传统观念根深蒂固的文化中。学者廖敬仪和周涛在他们合作发表的《女性职业发展中的生育惩罚》一文中指出，社会对于违背主流价值观的终生未生育女性存在厌恶情绪，适龄但未生育的

她职场 SHE
POWER 活出女性光芒

女性在观念形态上会承受更多的压力，不仅有来自家庭的，也有来自社会和职场的——雇主担心尚未怀孕的女员工可能的生育行为会影响其绩效表现并增加用人成本。在我们的调研中，多位女性也提到了曾在招聘中不得不提供生育信息，以及雇主在裁员时因生育因素而选择留下同级男员工。

如果女性不承担养育责任，如低收入家庭迫于经济压力，母亲很难在生育后看护和陪伴孩子成长，处在事业上升期的高潜女性则会因专注于事业发展（或者为避免性别歧视，不得不更加投入到工作中）而分身乏术，减少育儿时间，那么她们都会因社会和自己对"好妈妈"的期待而感到压力、怀疑甚至会自责。我们采访的一位女性高管失望地表示，女儿同班同学的全职妈妈也会质疑她总是加班和出差，忽略了对女儿的陪伴，也总是错过参与学校的活动，包括运动会或家长会等。她说："开始我也会为自己的力不从心而痛苦焦虑，但是后来我想通了。虽然我不能像全职妈妈一样无微不至地照顾孩子，但还是在自己最大能力范围内给了女儿高质量的陪伴，所以我不认为自己是不称职的母亲。"

多伦多大学社会学教授梅丽莎·米尔基（Melissa Milkie）长期以来专攻性别、工作和家庭生活的结构性和文化变革课题，以及工作/家庭配置对心理健康和幸福的影响。她发现，孩子在 3 岁至 11 岁时，父母的陪伴时间不会对其学习和心理健康有太大的影响，反而母亲的情绪会对孩子的学业有明显的影响。哈佛商学院工商管理学教授凯瑟琳·L. 麦金（Kathleen L. McGinn）也在性别角色方面有长期研究。她发现，职业女性的女儿更可能获得事业成功，薪资比全职妈妈的女儿多23%，职业女性的儿子的家庭参与度则更高。

这两位教授的研究足以打破"密集母职"的迷思并减缓母亲的焦虑。或者说，母亲不必是事必躬亲、给予幼儿无微不至呵护的"完美"母亲；相反，经济独立和情绪稳定的母亲更能为孩子提供理想的成长环境。因此，不论职场妈妈还是全职母亲都应获得更多企业乃至社会的政策性支持，减轻其因生育而背上的重担和遭受的偏见、歧视。比如，在对生育更友好的公司中，女性不会因为怀孕或告诉公司自己怀孕了而感到害怕或紧张；在生育后可以无后顾之忧地休产假，并在回归职场后仍可获得晋升机会，而非被视为公司的负担或者对事业缺乏野心的员工。

另外，女性从全职母亲向职业女性的角色转变往往会遇到阻碍，很多女性因为没能成功弥合因生育离开职场这几年产生的差距，在招聘和晋升方面都开始落后于同龄男性。睿问平台建立的初衷之一就是帮助远离职场一段时间的女性再次获得找到理想职位的机会。实际上，子女长大成人后，母亲在职场工作的意愿和动力往往比同龄男性更强烈，不少女性都是在50岁以后攀上了事业的巅峰。

支持女性在职场母亲和全职母亲两个角色之间的转换，可以给女性更多选择的空间，创建对生育和养育更理想的环境。将女性固定在一个角色上（只能二选一）的话，母职只会加重女性的焦虑以及生育和养育导致的贫困。

其他支持还包括分担母职，避免让母亲一个人承担养育责任。薇妮斯蒂·马丁在《我是个妈妈，我需要铂金包》中提到，过去10年对人类进化过程中的养育问题的研究发现，核心家庭养育孩子并非历史常态——在养育子女上，女性从来都不是仅凭一人之力，给她们最大支撑的是人类的女性祖先。单核家庭往往让抚育子女的重担落到了母亲身上，但大家庭结构在很大程度上缓解了母亲的压力。当然，父亲的参与和公共系统的支持更是缓解母职焦虑的重要因素。

受"母职惩罚"影响，女性正在失去重要的职业机会，甚至陷入精神焦虑和贫困；男性在传统观念形态下也会因承担主要养育职责而难以被社会接受；企业不能有效地开发女性员工的潜力；另外，麦肯锡的数据显示，如果女性和男性有同样的经济参与机会，到2025年，全球年度GDP将增加28万亿美元，相当于中美当前经济总量之和。因此，打破母职神话，创建对女性、生育和养育更加友好、包容的社会，不仅能让母亲受益，还会给所有人带来福祉。

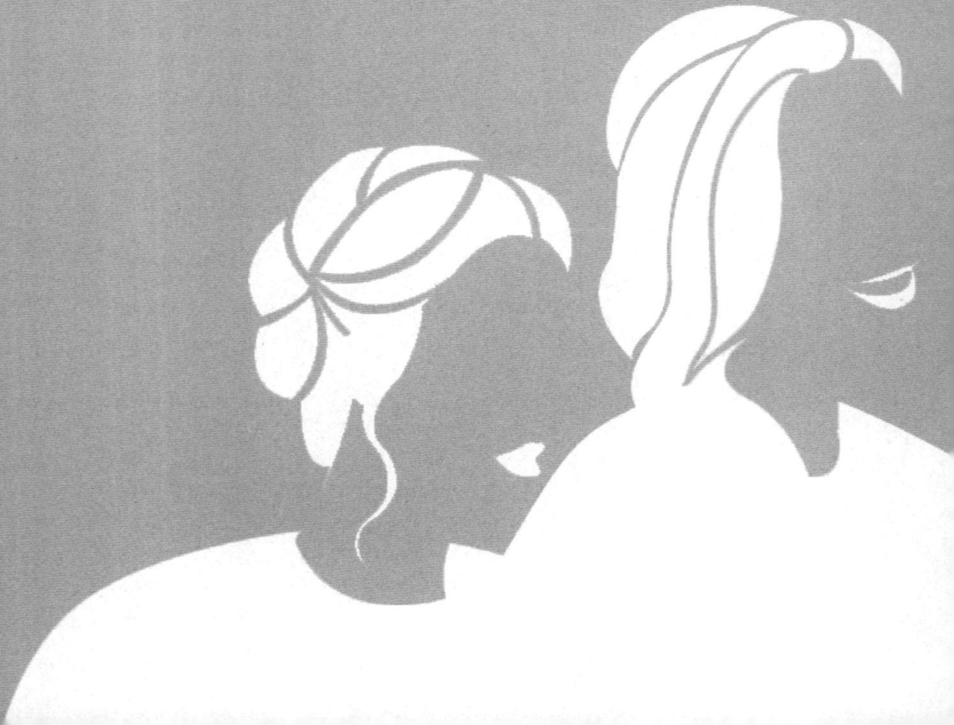

03

破解女性面临的
独特职场困境

她职场 *SHE*
POWER 活出女性光芒

大学刚毕业的时候，我们或踌躇满志或懵懵懂懂地步入职场。年轻的我们刚开始可能选择两耳不闻窗外事，一心埋头苦干；可能做一天和尚撞一天钟；也可能豪气冲天，眼里闪着光，以为只要拥有热情就能把一切点燃。后来，我们的雄心壮志不断被按在地上摩擦，有的人变成了职场"老油条"；有的人越挫越勇；还有的人一路乘风破浪，高歌猛进，直到40多岁时，职业生涯毫无征兆地戛然而止……

职业女性常常既会关注外界工作环境的变化，也会关注经济周期，并不断地反省自己，但身在职场的女性却很少有人早早就意识到人尤其是女性在职场的发展是有周期的：22岁刚刚步入职场时，稍显迷茫；32岁左右，面临定位焦虑；45岁时，会面临高薪失业；55岁的时候，面临黯然退休或者再次挑战自我的选择。再厉害的个体如果不能未雨绸缪，也很难避开被年龄魔咒击中。

曾经有人说过，人生有三条道：上坡道、下坡道以及想不"到"。

但是往往直到一个人被周期魔咒折磨过后,才会开始问自己那三个最重要的问题:我是谁?我从哪里来?我要到哪里去?

作为一个在职场工作近 20 年,并创办过两家和职场业务相关的人,有时候我看着很多职场人的行为会觉得匪夷所思,看着她们往坑里走却不自知时就急得不得了。2016 年,我的一位朋友张瑜(化名)离开了工作超过 10 年的公司,入主一家跨国外企担任 CEO。这家外企以高层更迭频繁出名,她又刚好到了 45 岁这个面临高薪失业的年龄,我就问她怎么看待这个问题。因为在我看来,一个职位如果连续三任的任期都很短,那这个职位无疑就是火坑职位,无论多能干的人也做不了。她当时给我的回答是美国总部的 CEO 直接面试后决定录用她,而且她相信以自己的能力能够扭转这家公司高层更迭频繁的名声,她更加相信以自己久经沙场的经验能够破除高薪失业的诅咒。很不幸,短短几年之后,这家公司的全球 CEO 换了,"一朝天子一朝臣",很快她就被迫离开了这家公司,开始重新找工作。

我先后创办了人力资源猎头公司 Talent Lead 和专为一亿职业女性提供学习成长服务的平台睿问,在此过程中,经过观察大量的职业女性,我终于明白了人们为什么对于自己即将遭遇的周期魔咒浑然不觉。

- **个体的职场体验是点状的和碎片化的**。如果没有在像猎头公司、背景调查、薪酬调研公司这样的第三方人力资源机构工作过,个体很难形成纵向、横向的比较认知，无法把整个职业生涯周期的拼图拼全，"不识庐山真面目，只缘身在此山中"。
- **路径依赖**。人一旦选择进入某一路径（无论是"好"的还是"坏"的），就可能对这种路径产生依赖，即使可能知道职业生涯有周期性，依然选择把 20 多岁的工作方法、工作习惯、认知继续带到 30 多岁甚至是 40 多岁，不会根据形势发展和职位变化而适时调整。
- **单一的社会网络**。绝大多数人的社会网络来自同一所学校的同学、同一个单位的同事，或同一个行业的同行，喜欢生活在一个心理相对安全和舒适的环境中，而对其他群体的兴趣度和敏感度不高。很多女性喜欢情感联结的社交，抗拒功利性社交，在职场缺乏能够为她指点迷津的人。女性应该被提前告知要警惕职场"周期魔咒"。

职场女性的周期困境

未雨绸缪，成为抢手的毕业生

2020 年，因为疫情，很多招聘会延期了或者改为线上了。许多应届毕业生只能参加网上面试。

戴晨（化名）就是这些应届毕业生中的一分子。他在洛杉矶，却要时刻准备着接受来自国内的工作面试。有天晚上 12 点，突然手机铃声响起，戴晨顿时困意全无。他从床上猛地跳起，拿起手机一看，是来自国内的陌生号码，估计是某个企业的 HR 打来的，于是戴晨赶紧正襟危坐，清了清嗓子，接通了电话。疫情虽然导致戴晨不能及时回国找工作，但是求职的脚步不能停下。他已经投了 200 多份简历，这样的越洋面试，也已经经历了十多次。放下电话后，戴晨听着助眠音乐，缓缓进入梦乡。

很多应届毕业生都像戴晨这样海投简历，参加一面、二面、三面、终面，全天保持着战斗状态，迎接随时可能来临的面试。过程类似，只是结果不尽相同。

2020 年，百人以下小微企业对应届生的需求相比 2019 年降低了 52%。中国人民大学中国就业研究所与智联招聘发布的《2020 年大学生就业力报告》显示，2020 年毕业生平均期望薪酬约 6930 元。但智联招聘平台的大数据显示，2020 届毕业生首份工作平均起薪为每月 5290 元，其中，本科毕业生平均起薪 5102 元，专科毕业生平均起薪 4562 元。这说明毕业生的薪资期望普遍远远高于他们实际能拿到的薪水。

另外，我们在采访中发现，许多父母期望子女可以考公务员。即使是毕业于哈佛这样的顶尖名校的小文也说："家里人建议我做公务员和

她职场 *SHE*
POWER 活出女性光芒

老师,即使我已经从哈佛大学研究生毕业开始新的工作了,他们看到新的公务员招聘信息依然会发给我,企图给我洗脑。在他们的认知范畴中,这些职业是最稳定的,女性找个稳定的工作就可以了。"

张青(化名)经过 10 年寒窗苦读,终于如愿以偿考上了很多人向往的一所顶尖 985 大学。在她的家乡能考这样的大学真的非常不容易,所以她的事迹至今还在县里广为流传。但是张青在大学读的是一个冷门专业,找工作的时候碰到了很多困难。再加上张青自己在求职季刚开始的时候比较佛系,找工作的节奏慢悠悠的,到后面用人单位就会提出各种疑问。比如,"你的学校这么牛,你应该很抢手啊,为什么现在还没找到工作?""你这个专业和我们的职位不对口啊,虽然招人也不完全看专业,但是你的专业实在太冷门了!""你的专业虽然冷门,但是学校很好,为什么还没找到工作,这个怎么解释?"

后来,张青进入了一家民营新媒体公司做内容运营。做了半年以后,她发现工作和自己想象得太不一样。她发的每篇文章都要有商业转化的考量,每个星期她都要针对自媒体发的文章和视频做各种数据分析和比对。为了转化好,每篇文章的起承转合设计都要充分利用人性的特点,这和她骨子里的文艺情怀产生了巨大的冲突,导致她每天早晨一睁开眼就神经紧绷。经过反复思考,半年后她还是辞职了。辞职以后她也没回老家,而是继续租住在上海,每天画画,去图书馆,顺便找找工作。然而,找工作的过程并不顺利,她觉得很难找到与自己个性契合的工作。半年后，张青决定加入考研大军，准备未来走研究和学者这条路。

燕子（化名）认为自己是一个很容易焦虑的人，所以从大二暑假就开始实习，希望找到未来的工作方向。上海是一座竞争非常激烈的城市，这里不仅有本地高校的毕业生，其他城市的毕业生和海外留学生也会选择来上海就业。从大三暑假到秋招结束，差不多有四五个月，燕子每天都非常忙，既要实习，又要上课完成专业课作业，准备毕业论文，还要为网申刷笔试题，准备面试。为了在理想公司的面试中表现得更好，她会选择故意多投一些简历，是为了获得更多的面试机会，积累更多的面试经验。她整个人在求职季都是连轴转的状态，很辛苦，因此在拿到第一个工作邀约前经常失眠。

在整个求职的过程中，燕子的心情都很复杂。一方面她的性格相对佛系，对职场的功成名就没有特别强烈的欲望，所以没有要冲500强和互联网大厂的决心；但同时她又不能免俗，担心毕业找不到好公司，从此人生便没了希望，所以在行动上非常努力。燕子的家人也希望她能去考公务员，但是她的内心非常抗拒，认为自己的性格不适合去体制内工作，后来家人也没有再勉强她。因为燕子比较努力，学校也很好，最后她拿到了三个非常好的工作邀约，分别来自民营500强、外企500强和互联网大厂。

她职场 *SHE*
POWER 活出女性光芒

燕子和家人比较严重的分歧是在最后选工作邀约这件事上。当时有个她挺心仪的工作邀约，来自一家家喻户晓的大公司，未来薪资非常可观，但会被外派到非洲。对于这个工作邀约，燕子很心动，因为她能用到四年所学，而语言不用很容易荒废；另外，她觉得有机会到一个语言文化完全不一样的地方，以当地人的节奏生活工作会是一段很有意义的人生经历，可以让她重新审视自己熟悉的思维模式和习惯，获得很多意想不到的新输入。

当时，家人都极力反对燕子选择一份会外派到非洲的工作。原因也很简单。一是，这家公司很大，但企业文化过于狼性，管理层几乎见不到除了嫡系亲属以外的女性，是一家对女性职业发展不友好的公司；二是，一个女性长期在国外生活就已经足以让家人担心了，更何况是去非洲。燕子最终选择放弃这份工作，但那一段时间她都觉得挺可惜的。燕子觉得主要还是因为自己一直是家人眼中的乖乖女，比较文静内向。如果她从小就让大家觉得她是一个很勇敢的女孩子，可能结果就不一样了。最后，燕子选择加入一家互联网大厂担任运营。

找到自驱力，抓住跃迁的机会

在当下对女性"白瘦幼"审美的大环境下，30岁这个数字犹如洪水猛兽，它往往意味着女性失去了青春的红利，很难再吃青春饭了。因此，当电视节目《乘风破浪的姐姐》将聚光灯对准30岁以上的女明星，希望大家能以全新的视角关注这些 30、40 甚至 50 岁以上的女性时，引发了全网经久不息的讨论。

作为中国领先的职业女性成长与社交平台，睿问在过去五年对上百万职业女性进行了大量的研究和观察，结果发现，女性在 32 岁左右常常会陷入纠结的境地。她们会面临是否要转行，是否应该进入婚姻，如何平衡工作与生活，工作"技能树"是否足以支撑自己下一步的发展等问题。在这个阶段会出现分水岭，有的女性能够完成跃迁，继续往上走；而有的人则很不幸地会如自由落体般滑落。女性在二十几岁的时候，如果干得不开心了，那可以随时来一场说走就走的旅行；可是到了 32 岁左右，就不敢任性了，责任和前途都压在肩上呢。

在能力上追求极致

32 岁，柯娜遇到了人生中的转折点，当时她的职业生涯和生活都有了质的变化。那一年，她决定创业。之前她在上市公司工作，她老公在外企。夫妻两个人都已经在各自的公司做到了高管，可以选择继续做体面安逸的金领，但恰恰他俩都有颗不安逸的心，总是催促着他们去尝试新的可能性。于是，在几次家庭会议之后，他们共同决定由柯娜先辞职去全身心地创办公司，基于对家庭风险的考虑，老公仍继续留在外企工作。柯娜这个决定不仅仅是基于对家庭"顶梁柱"的尊重和支持，还因为她相信即便创业失败，她也能够很顺利地回到职场。

她职场 *SHE*
POWER 活出女性光芒

▲ 柯娜

就这样,刚开始柯娜一个人几乎包揽了品牌设计、市场拓展、做订单、采购、发货、开票等全部工作。她在客户面前把一个人的公司展现得很专业。在独自撑了一年之后,公司开始迅猛地发展,2017年,柯娜的老公终于也全身心地投入到了自家的事业当中。

在公司拿到天使轮融资,准备 A 轮融资的时候,投资公司对公司的创始人是夫妻关系这一点有所顾虑。因为对于快速发展的公司来说，决策力很重要，而同时存在两个决策者是不合适的。当柯娜意识到这种情况可能会影响公司的融资和发展速度时，她果断选择了离开。柯娜始终相信自己还可以再创立一家新的公司，也可以回到人力资源的老本行。因此，柯娜的目标很明确，她需要挑战自我，从甲方转为乙方，成为一名销售并且积累客户资源。事实证明，柯娜做到了，她成了一名销售冠军。

在生活上，柯娜31岁那年，有很长一段时间她几乎每个月都要去医院看病。32岁创业后，她有了足够的可分配时间，就决定先从自己的身体探索开始。她决定减肥。当时正值三伏天，柯娜顶着炙热的阳光，迈出了空调房，开始每天跑步，从不停歇。就这样，她的体重从150斤减到了90斤，整个人恢复了少女感，疾病也离她而去了。现在，运动已经成了她生命中不可或缺的一部分。

柯娜是那种连睡觉都有危机感的人，所以她以前打工时就有很明确的目标，一定要在熟悉的领域做到顶尖水平。最初，她在一家全球500强日企里，是唯一一名两年连升三级的管理者，也是公司决策层里代表中国前往美国做企业交流的团队中唯一的女性。现在回想起来，她的确在个人品牌、人际关系等方面有些天赋。她喜欢做创新的、别人不做的事情，并做到极致，哪怕只是一次宣讲、一个PPT，她都会做到毫无瑕疵。对个人而言，每一次公众演讲、任务汇报都是完美的展示机会，很

她职场 *SHE*
POWER 活出女性光芒

有可能因此改变自己的职业生涯。

她记得在公司的一次年度全球 HR 会议中，集团总部的高层领导来视察中国区的二十几个子公司的年度人力资源工作。在会议前，她在共享盘中看到其他人力资源负责人的 PPT 之后，她就知道自己赢定了。她是站在商业视角和组织人才发展的角度来看待人力资源负责人业务的，而其他人力资源负责人只着眼于基础的行政类工作的汇报。结果一点也不意外，她的汇报结束后，全球人力资源部长径直走到她的领导前，夸她是最佳的人力资源总监（HRD），她至今还记得她老板那得意的眼神。

无论是 32 岁创业之前在企业做高管，还是创业自己干，柯娜骨子里自始至终都有一股子狠劲。不过，32 岁前后柯娜的生活方式和形象有了颠覆性的变化。创业之后，她常常在朋友圈分享自己的日常。她聊天的时候喜欢用自己拍摄的表情包——忽闪着大眼睛，有精致而美好的妆容，完美呈现了发型师不轻易推荐给顾客染的发色。她有窈窕的身材，跳起爵士舞活力四射。少女感仿佛是长在她骨子里的。如果不是看到她朋友圈跟两个女儿的合影，很难想象她已经是 12 岁孩子的妈妈了。

以前，柯娜的衣橱里全是黑白灰的衣服，她从来没有染过头发，没有剪过刘海，也不像现在这样化妆。这让她看起来非常专业，但其实她内心是不快乐的，她像戴着面具一样，上班和下班完全是两个状态。因为柯娜在人力资源行业工作了十几年，经常要面临离职和裁员情况，到后来她管理的人都比她年纪大了,所以她需要这样一副面具。

有一次,柯娜要去西安裁掉一个副总级别的同事,她被威胁如果去就让她不得好死。那时,她才开始觉得人力资源并不是她一直要从事下去的行业。她从小接受的教育就是,做事要持之以恒。她心里一直有一句话:"你不可能在你不满意的状况下取得成功。"她觉得至少她要在人力资源这一行做到顶端,才有权利说不喜欢。因此,在做到高管的位置以后,她才选择辞职去创业。

柯娜32岁的转型之战打得很漂亮。她后来选择去攻读上海交大的EMBA,并加入了睿问校长社群。通过"见她见她们见自己"来不断地拓展自己的边界,获得持续的刺激与动力。她真的不甘心这么年轻就失去了她最重视的内在充实感,而且她很清楚她的内在充实感大部分源于她的工作和人际关系赋予她的成就感。

这几年柯娜开始真正地放飞自我了。她的发型变了,妆容变了,穿衣风格变了,甚至兴趣爱好都变了。她觉得就是要颠覆自己,活出自己想要的色彩。

时刻保持清醒,不迷茫

相比之下,不是每个人都像柯娜这么幸运。当职业女性进入30岁时,往往要面临是否成家、是否生育的问题。生了孩子的话,经常又会碰到孩子由谁带的问题。如果没有家人强有力的支持，如果不放心把孩子交给阿姨或者家里的老人带，基本上女性的职业发展就会碰到重大的问题。如果夫妻两个人要有一个人牺牲事业，全职带娃，显然目前做出这种选择的还是女性偏多。工作和家庭平衡是一个伪命题，因为根本平衡不了。由于生活和工作撕扯，32岁成为一道分水岭，有一部分女性对新鲜事物失去了兴趣，任由自己滑落；还有一部分女性则努力抗争，逆流而上。

王甜（化名）毕业于顶尖名校，在金融行业工作5年后，在2014年创投行业热钱涌动、靠着几张PPT就能融资的时候，她带着满腔热血毅然投身互联网。她作为创始成员，加入了一家著名的互联网公司。因为公司获得的融资惊人，王甜拿着高薪，一时风头无两。她接受各种媒体采访邀约，去各大论坛担任嘉宾，出书、讲课……"谈笑皆鸿儒，往来无白丁"，30岁不到、颜值颇高的她成为许多人心目中的女神。

王甜以为这样的日子会一直继续下去，没想到命运弄人。当热潮过去之后，王甜所在的公司也被并购，她被迫离开了公司。后来，王甜也试图重新找工作，但人都经不起垂直起落，经过原来的巅峰体验，她已经很难适应普通的职场生活了。对于拿到的工作邀约，她都不是很满意。

于是，她开始在国内外到处旅游，想好好放松以后，再回头想想应该干什么。但是四处旅游一年以后回来再找工作,她还是找不到合适的。这么久不工作,面试官面试她的时候就会疑虑重重,既担心她经过创业,心野了,不稳定;也担心她随时可能结婚生子,回归家庭。很多时候面试官会花一半的面试时间去探询她是否已婚,什么时候有婚育计划。相比工作能力,似乎这些更能直接决定她的职场命运。

2019年2月,人力资源社会保障部、教育部等九部门印发的《关于进一步规范招聘行为促进妇女就业的通知》提出,要禁止招聘环节中的就业性别歧视行为,包括不得在招聘环节询问女性的婚育情况,不得将限制生育作为录用条件,等等。但是现实中这样的情况还是在不断发生。

至今三四年过去了,王甜还是没有一份长期的固定工作,感情上仍是孑然一身。王甜倒不是觉得女性一定要结婚生子,也不觉得到了什么年龄就一定需要做什么。父母也逐渐接受了她的生活状态,不再在这些方面催促她。

因为王甜之前有积蓄,自己也会理财,经济上倒不紧张,但是总觉得生活中少了一些新鲜刺激。以前她通过工作认识的那些朋友,也慢慢因为缺乏共同的利益和事情的联结而疏远了。和昔日每天都像坐过山车一样的日子相比,这种比上不足比下有余的生活让她觉得乏味且没有安全感。

她职场 *SHE POWER* 活出女性光芒

破圈，探索更多可能性

除了面临婚育问题以外，还有一类工作具有特殊性，所以从业者在 32 岁左右也会面临转型。

作为亚洲首位帆船奥运冠军，徐莉佳非常享受在大海上与帆船共舞、奋力冲向终点的感觉，她无法想象没有帆船和大海的日子。帆船运动让莉佳觉得这个世界是公平的。很小的时候，莉佳就知道自己和别人不同，她的双耳听力只有常人的一半，左眼弱视。这让她没有办法跟同龄的小伙伴正常交流，也因此遭受过嘲笑和孤立。

她 5 岁开始学习游泳，水成了她的庇护所。在水里，她可以理所当然地把

◀ 徐莉佳

自己封闭起来。每天她都在有限的池子里来来回回地翻滚，直到 10 岁时，跟着教练接触了帆船。在船上，她感受着不断变化的风和浪，第一次觉得自己跟大家是平等的，不会因为听力不好而低人一等。

早在 1896 年第一届奥运会上，帆船运动就已经是奥运会的比赛项目，但进入中国才 30 多年的时间。在亚洲人的印象中，这项运动不仅是欧洲人的运动，也是属于男性的竞赛项目。

作为帆船运动选手的 20 多年里，徐莉佳在这项一直被称为"欧洲人的运动"中，实现了自己运动生涯的大满贯。她一生中有两个受关注最多的时刻：一个是站上奥运会领奖台，成为亚洲首位帆船奥运冠军；另一个是征战里约奥运会，她被判罚，最后无缘领奖台。

在十几年前，整个亚洲从事帆船运动的女性选手非常少，所以当时她参与的级别，单人艇是男女都可以参加的。在 2006 年的多哈亚运会上，在徐莉佳参与的雷迪尔级帆船项目中，她是唯一的女选手，并最终夺得了冠军。

在这之前的亚锦赛上，徐莉佳还被男选手"打"得落花流水。这个级别的帆船比赛特别需要体力，所有选手的帆、桅杆、船都一模一样。徐莉佳意识到自己的体能和一众男选手相比，差得太多了。亚锦赛后，她一度对后半年的亚运会不再抱有任何希望。

她职场 SHE POWER 活出女性光芒

后来她转念一想，最坏的结果也不过如此了，不如豁出去，哪怕只赢过一个，也是一点胜利。从此，她加强了体能训练，但因左股骨巨细胞瘤做过手术的地方常常让她痛得一整夜无法入睡，更影响了她的正常训练。

早在 2002 年，徐莉佳被查出左股骨巨细胞瘤，也因此错过了雅典奥运会。虽然徐莉佳当时做了手术，但仍然时常复发。晚上疼得睡不着的时候，为了不影响室友，她会轻轻走出寝室，把门关上对着墙壁使劲踢左腿，希望以痛止痛。

2016 年里约奥运会之后，徐莉佳做了运动生涯中最痛苦的一次手术。为了能够备战下一届奥运会，她需要先治好受伤的肩膀。然而，手术结果不甚理想。30 岁时，徐莉佳不得不因伤痛告别自己的运动生涯。此后，她定居英国，主要是因为英国是帆船大国。从 10 岁被教练挑中起，徐莉佳的人生就和帆船绑定在了一起，退役不意味着解绑。

徐莉佳的脚步并没有停止。2019 年，她完成了在英国的体育新闻传媒的硕士学业，成了媒体人，开始在新的领域不断地探索。她现在的梦想就是希望能够通过媒体平台让更多的人了解帆船，尝试让航海带给大家更多的乐趣。

除此之外，她也拥有一档自己的节目。除了帆船之外，她也会跟大众普及和分享各个运动项目冠军选手以及他们的教练背后的故事，希望以此激励更多人积极参与到体育运动中来。在 2021 年的东京奥运会期间，徐莉佳也以体育媒体人的身份，亲自飞到东京，进行采访报道。

不管未来有多少不一样的挑战，帆船运动带给徐莉佳的运动精神会助她一直不断地挑战、摸索。2020 年 10 月 25 日睿问举办的第五届全球她领袖年度盛典结束之后，徐莉佳加入了睿问校长计划。她希望破圈结识各个领域的女性精英，结合自己在运动赛场的成功经验，去引领更多的女性朋友，探索未知，发现未来的更多可能。

32 岁这道坎并不容易跨越。可喜的是，我们发现 30 岁和 20 岁比起来，不仅仅是年岁增长了，在一部分人身上，还有逐渐被开发出来的潜藏在女性内在的韧性，以及只要有一点点阳光就足够挺过大部分艰难时光的自愈能力。你在这个年纪是更丧了，还是更狠了，抑或是更从容了？

提升在本职工作中的不可替代性

高薪人才一直是位于职场金字塔顶层的人物，风光无限，令人羡慕。但是在顶层的人不一定能够永远高高在上，一次风暴、一个转身就可能让自己的职业生涯发生翻天覆地的变化。当我们过了 40 岁，不仅仅身体会随时向自己发起挑战，周围的环境也会不断地向我们的职业生

她职场 *SHE*
POWER 活出女性光芒

涯发起冲击。

2019 年，全球掀起了一股裁员风暴，一位年薪百万的高管被裁的消息在网上引起了大家的热议：北大数学系本科、美国芝加哥大学计算机硕士、43 岁的迈克尔·吴（Michael Wu）是高科技芯片巨头公司 C 中国区负责大客户芯片销售的销售总监，工作了 5 年，年薪 200 万，在 2019 年 3 月被裁。

同一个月，腾讯公司宣布裁去公司 10% 的中层干部，包括助理总经理、副总经理、总经理级别，甚至有一些副总裁也被划定在内。在随后的夏天，耐克公司也有 100 多名副总经理被解雇。

企业面临危机时，无论是出于对成本控制的考虑，还是为了给年轻人腾出更多位置，让公司重新充满活力，高薪水、缺乏创新能力的中年管理者往往首先被裁。当你在顶楼喝咖啡、看风景时，"失业"的魔爪正在慢慢靠近你。

对于大部分人而言，40 岁正是上有老、下有小的年纪。一个人的大部分精力都已经给了家庭，工作上往往开始变得力不从心。40 岁之后，女性面临的职场环境比男性的更危险。

上海市妇联曾做过一次调研，结果显示女性失业率从 36 岁时的

15.8%上升到了37岁时的18.4%。随着年龄的不断增加，这一比率同时上升，44岁时达到了21.1%。由此可见，女性失业的高峰年龄是40岁前后。

更残酷的是，40岁以上的女性一旦失业，就很难再次受到用人单位的青睐。对于中高层职位，在用人单位看来，男性的价值要高于女性。至于低层岗位，用人单位更青睐于成本低、精力旺盛的年轻职场人。

一旦我们被卷入"高薪失业"的漩涡，就可能直接跌入深渊。那么，我们要如何避免自己成为"40岁高薪失业"的一员，即使不幸失业也能在别的金字塔上发光发亮，让自己的职业生涯持续发展？

领英公司的创始人里德·霍夫曼曾提出一个"ABZ理论"，他建议每个职场人都应该准备A计划、B计划、Z计划：A计划是你现有的工作，值得你持续投入，并可以由此获得安全感；B计划是在业余时间培训其他的能力，可以是兴趣爱好或者梦想要做的事情，以后遇到合适的机会，它可能会升级为A计划；Z计划是保障规划，是你的护城河。

首先，要将"ABZ理论"转化成行动，我们首先要提升自己在本职工作中的不可替代性；其次，我们要有意识地将能力触角伸向各个领域，以便未来能有更大的发展空间；最后，我们要找到自己的底牌，以便在"AB计划"失败后，能东山再起。接下来，我们就从"ABZ理论"

出发，用一些案例故事和你分享每个阶段具体如何做才能达到理想的状态。

学习力是唯一可持续的竞争优势

高蕾是任仕达公司（一家全球领先的人力资源公司）大中华区前董事总经理。但在 20 多年前，她还只是一位国有企业的出纳，如果当时面试官用英语面试，她可能一句话都答不出来。

刚入职场时，高蕾的领导是一位非常严厉的老太太，对下属讲话很不客气。再加上高蕾没有什么背景，领导都对她一直都是不冷不热的。有一次领导检查财务报表，批评高蕾的字写得难看，于是她当天回家就买了本小学生字帖练习。等到下一个季度再次提交报表时，领导对高蕾字体的变化感到非常惊讶，从此对她的态度完全改变了。她开始主动传授经验，一直把高蕾带到财务经理的位置。

从没有背景、不受领导重视的小透明，到全球财富 500 强公司的大中华区董事总经理，无论是换公司、跨行业，还是零经验走上新的岗位，她始终在向上攀登，靠的就是"发现有问题，就尽力把事情做好"的主动性和超强的学习能力。

因为在国有企业的发展遇到了瓶颈，高蕾选择了去一家外企工作。

▲高蕾

用高蕾的话说，大部分人怕麻烦，多一事不如少一事，但她却因为喜欢管闲事，发现那家公司的人事做得不好，就把对方的活接了过来。她从零开始学习如何上社保、如何结算工资等事情，承担了一部分人事的工作。正是爱管闲事，拓宽了高蕾的能力边界。在这家外企因为发不出工资而倒闭后，由于高蕾有难得的财务、人事双背景，她被财富 500 强公司万宝盛华公司看中。高蕾的职业生涯也顺利进入了新的阶段。

进入万宝盛华公司后，高蕾一路披荆斩棘，从财务经理做到了财务总监，最后又做到了商务总监。当高蕾把结构体系都搭建好，各个部门之间可以实现自主沟通时，她已经不需要在工作上花费什么精力了。本来她只要坐在办公室等着拿工资就可以了，但是她"爱管闲事"的心却又开始不安稳了。

2010年，万宝盛华公司开始做收购。高蕾再次主动请缨，希望从台后走到台前，尝试做资本运作。这又是一个需要从头开始学习的领域。

当时，公司把最难啃的两块骨头：西安和广州分给了高蕾。在她之前，公司已经在这两个城市花费了大量的精力，但迟迟没有获得结果。

为了谈下业务，高蕾开始研究当地股东的情况。她发现西安的股东大部分曾在国有企业任职，最关心的是收购价格。于是她边和对方喝酒聊天，边沟通想法，两个星期便把西安的所有股东都签了下来。

签下广州股东的那天，高蕾和对方谈到了凌晨两点，距离她回上海的飞机只剩五个小时了。对方提出让高蕾先回去休息，他们把最后一项条款确认好便会签字，但是高蕾回绝了，一直跟着对方打印、签字，凌晨5点才回酒店。她眯了半个小时，由于体力透支，闹钟响时，高蕾从床上跳起来摔到了地上，但是她非常开心，因为这个项目完成得非常漂亮。

经过这次合作，广州股东被她的专业能力吸引了，向她抛出了新的橄榄枝，邀请她到公司去担任总经理。新世界的大门再次打开。

无论是在职场小白时遇到质疑，还是成长为管理者后遇到瓶颈，高蕾总是通过"学习"来解决问题。所以，当一座金字塔倒下时，她一定能找到一把打开其他金字塔的钥匙。很多人在找到一个不错的工作岗位、掌握一定的专业能力、拥有了一笔可观的收入后便开始自我满足，但是你所在的企业可能会面临倒闭，你所在的岗位可能会被边缘化，只有你的学习力才是你唯一可持续的竞争力。

追梦，永远都不晚

在成为飞行员之前，王争其实是一家国际4A广告公司的高管，其带领的团队频频创造出优秀的业绩。

选择大学专业的时候，王争还不清楚自己要干什么，她在父母的建议下选择了计算机专业，但是一次暑期在广告公司兼职的经历让她爱上了广告这个

▲王争

行业。为了能够从事自己喜欢的工作，她不顾父母反对，在大二时选择了退学，开始自学平面设计、整合营销等知识，还通过自考完成了在厦门大学的广告学专业的深造。

通过十多年的摸爬滚打，王争终于成了某国际 4A 广告公司的高管，同时她也给自己制订了继续深造的计划，抓住当时的新媒体红利进行转型。2010 年，就在她把职业生涯都已经规划好了的时候，王争的丈夫决定举家迁往美国。这意味着王争要放弃积累了 17 年的经验和资源，放弃广告公司高管丰厚的薪水，放弃光芒万丈的前途，一切从零开始。

最初王争听到这个消息时是迷茫和不甘的，所以她迟迟不愿意办理出国手续。直到有一天下午，她在一家咖啡厅偶遇了一位达索猎鹰飞行员，他们之间的对话激发了她儿时的梦想。

原来王争从小就在中国航空航天部下属的大学校园里长大，他的父母和朋友们日常探讨的话题都是关于宇宙和航天的。在耳濡目染之下，小小的王争对宇宙产生了无限的遐想，渴望自己有一天能够成为遨游太空的宇航员。

那天下午，她和那位飞行员聊到了《小王子》、美国飞行员培训机制和美国宇航局在佛罗里达州的发射中心。而佛罗里达州正是王争在美国落脚的地方，这些巧合立即点燃了王争尘封了 30 多年的梦想。就这样，王争决定放弃在北京打造的一切，义无反顾地前往美国学习飞行。

那一年，王争已经接近40岁了，在很多人眼里，这是一个谈追梦已为时过晚的年龄。为了战胜自己，王争几乎用尽了所有零碎时间努力学习，比如在星巴克等朋友时就复习飞行图；去航校的路上永远在听空中管制的对话；别人吃饭的时候她就在机舱里一遍遍做模拟飞行，最终只花了四个月就拿到了私人飞行执照，开启了自己的飞行大门。

2018年3月，王争被评为世界航空史上"十位最有影响力的女飞行员"之一，作为唯一的亚洲人，与其余九位先锋级女飞行员一起被载入世界女飞史。

有时候，我们的个人兴趣能帮助我们实现弯道超车。从现在开始，在心里种下一颗梦想的种子吧，等有合适的温度和土壤时，它便能破土而出，茁壮成长。

学会判断，及时抓住机遇的浪潮

朱岩梅是在40岁时决定加入华大基因公司的，在此之前，她是同济大学经管学院副院长、同济大学中国科技管理研究院副院长。她决定辞职时，很多人都不理解。

她职场 SHE POWER 活出女性光芒

"40岁了,还瞎折腾什么呢?"

"放着金饭碗不要,去个前途不明的民企,不为以后着想吗?"

这些问题朱岩梅不是没想过,但她向来不是一个躲在舒适区、贪图安稳的人。

"如果面前摆着两条路,我会选择难走的那条。"她坚定地说道

▼朱岩梅

2011年,朱岩梅陪同导师、科技部前部长徐冠华赴深圳调研,第一次走进了华大基因公司。多年来她一直关注着国内的新兴产业,对于一直研究创新发展的朱岩梅来说,她相信这是一条机遇大于风险的路。

她跟我们说:"那个时候,很多人还没有意识到生命科技的曙光,只有很少一部分人醒了,相信它会像互联网一样,带来颠覆性的创新,为人类社会带来另一次极大的科技革命浪潮。人们大部分时间都在等待浪,但只有少数人会判断并及时抓住浪潮。我跟着徐老师、汪老师,看到了这个浪潮,我需要做一个选择,就是要不要抓住。"

对于朱岩梅来说,这个选择无异于一次重生。她进入的是一个全新的领域,本人又非生物相关专业出身,因此会产生巨大的不适感,未来也是不确定的。她的导师也替她感到担忧,虽然他看好生物科技领域和华大基因公司的发展,但放弃高校的工作全力投入也确实是一个冒险的决定。

此前,作为同济大学中国科技管理研究院副院长、经济与管理学院副院长,朱岩梅长期专注于技术与创新管理、创新政策的研究。如果她想要完全理解组织的目标,并将其落实,成功充当"翻译者"的角色,就必须对华大的业务有更清晰的认识。

她把自己取得的成绩完全放下,以空杯心态投入了新工作中。刚开始她对很多生物科技领域的专业名词不熟，常常听得一头雾水。每次开会交流时，朱岩梅都会打开手机的录音功能，把内容录下来，在坐车、走路时反复去听，学习和了解相关知识。

就这样，她从不大懂转为能完全听懂并且理解了，还能够用更通俗的语言去表述。不到半年的时间，她再次和徐冠华部长交流时，已经可以用清晰的、对方能听懂的语言讲清楚全球生物经济的发展趋势、华大基因在做什么以及为什么这件事值得去做，完全打消了徐部长最初的担忧。

在 40 岁时，完全转换轨道，进入一个全新的领域，即使那个行业欣欣向荣，很多人也没有这样的魄力，不敢做出这样的选择；或者做出了选择，但没有办法融入，结果以失败告终。像朱岩梅这样既能看清趋势，又能勇敢行动，行动之后还能想办法获得成功的人，真的少之又少。

学会带领他人成功

前面我们提到的"ABZ 理论"中的 Z 计划是保障规划，大部分是指金钱。但是在这里，我们想提出另一个思路，就是"人"才是最好的护城河。在公司，如果你遇到了危机，是否有优秀的人与你一起并肩作战？离开公司，如果你没有找到很好的下家，是否能够快速找到对的人为自己牵线搭桥？

简博市场研究董事总经理朱晓伶为了与合伙人一起创业，把自己原本打算作为嫁妆的十几万积蓄全部拿了出来。她曾经给自己定过一个目标，即赚到1000万就退休。但是后来她发现当自己找到了对的人能够帮自己运作好公司时，其实退不退休已经无所谓。

2018年她生病的那段时间，因为需要治疗，她无法全身心投入公司的管理。尽管她一个月才去一次公司，但是公司却运营得非常好，因为她招聘过来的人非常得力，维护客户足够用心。那段时间，无论是员工还是客户，都给予了她充分的理解，也让公司能够顺利运转。那时，朱晓伶觉得自己也许可以做到60岁，甚至是70岁，但要做到这一点，必须激发身边人的激情。

人的精力和体力总有开始走下坡路的时候，当你过了45岁，很多时候已经没有办法冲到第一线了。当接受新事物的能力无法和年轻人比时，你的价值从哪里体现？公司为什么还需要你？这时，你

▲朱晓伶

身边的人、你所带领的团队就是最好的保障。40岁之前，什么事情都可以亲力亲为；但是到了40岁以后，就要学会带团队、做领导，通过帮助他人获得成功来体现自己的职场价值。

除了创业者或者想从头开始一份事业的人，是否有强劲的支持者对于职场人来说也是至关重要的。Zenger/Folkman咨询公司曾在一家财富500强公司进行调研，该公司经历过一次大规模裁员，它们从中收集了丰富的数据，试图找出公司决定员工去留的依据。

它们发现被裁的150名管理者的工作考核评价都非常高，也就是说业绩能力是非常突出的，之所以被裁，主要是因为他们最近失去了支持者。在事关前途的会议中，没人为他们说话，因为他们缺乏支持者。因此，你要知道谁是你最强有力的支持者，而且要有一个以上这样的支持者。

人是社会性动物。世界上最重要的资源不是金钱、房子，而是人。你的人脉体系越丰富、越立体、越有黏性，你就越有可能成功。当你突然一无所有时，是否有人可以帮助你？如果有，这将是你最大的底气。

这个时代的职场永远是变幻莫测的。基本上每五年就会有一项新技术出现，给我们的生活带来了极大的变化。今天还是新兴行业，很快就有可能成为明日黄花，我们大部分人都只能顺应历史车轮的发展。

在享受金字塔顶端的风光之余，我们也要为未来的可能变化做足准备。我们要不断地拓宽自己的能力边界，把触角伸得更远，找到生活中自己热爱的事情，让其在心中生根发芽。我们还要找到优秀的人才，让他们为自己的职业生涯保驾护航。

破解职场天花板的迷思

女性进入 C 级高管层到底有多难？我们可以看看以下数据：2019年，全球高级管理职位中的女性比例增长至 29%，这是有史以来最高的数字。到 2020 年，这一百分比保持不变。《2020 年全球性别差距报告》显示，在中国的上市公司董事会中，女性占董事会成员比为 9.7%，而女性担任高管的公司占比为 17.5%。BOSS 直聘 2019 年的《中国职场性别薪酬差异报告》显示，中国女性在高管职位中占比达到 25.4%。

虽然 50/50 不一定代表平等，但在领导岗位上，男女差距仍过于明显——我们依然处在男性掌握大部分商业话语权的世界。当女性在试图努力成为任何行业的顶尖人物时，她们都会面临大量挑战和偏见，尤其是在那些传统上由男性主导的行业。

在逆境中，仍然有一些杰出女性不畏挫折和障碍，一路晋升到最顶层。她们的奋斗历程值得我们去学习。如通用汽车 CEO 兼董事长玛丽·巴拉（Mary Barra）是汽车行业的首位女性 CEO，在 2020 年荣

她职场 SHE POWER 活出女性光芒

登《财富》美国最具影响力商界女性榜单第二名。巴拉的案例极具典型性——与大多数《财富》500强女性CEO一样，她是已婚已育女性（有两个孩子），拥有理工科学士学位和MBA学位、极强的人际交往能力和团队合作精神等。

更重要的是，巴拉从行政助理做到了装配工厂负责人，有着长期的一线工作经历，在公司业务和运营流程方面积累了深刻的认知和丰富的经验。为公司辛勤工作了28年之后，她于2009年被任命为全球制造工程副总裁。从那时起，她开始担任高管职位，比如全球产品开发、采购与供应链总监等，并于2014年正式成为通用CEO。

《哈佛商业评论》曾对24位世界500强公司中的女性领导者职业道路进行了调研，结果显示，女性要成为CEO，往往要在同一家公司奋斗很多年，历时中位数为23年；而要达到同级，男性历时中位数则为15年。可见，"要达到同样的高度，女性要花的时间比男性多1/3。"也就是说，在升至最高层的竞赛中，女性要展现出更强大的专注力、韧性和可靠性。究竟女性领导者获得成功的关键是什么？一位《哈佛商业评论》的受访女性这样回答道："你必须更聪明、跑得更快、跳得更高、比周围其他人更优秀，才能确保自己不出局。"

我们同样可以看到，有不少坚韧的女性在职场中砥砺前行。她们付出了高于同级男性的努力和代价，排除万难，打破了层层天花板，进入

03 破解女性面临的独特职场困境

了最高层。我们选出了采访过的两位女性高管的杰出代表,她们的故事也许能为很多面临同样状况的女性提供一些参考。

自我实现,缓解不安全感

▲高劼

高劼有着足够光鲜亮丽的履历。大学毕业后,她前往纽约大学攻读 IT 学位,随后进入麦肯锡从事全球财务系统产品经理的工作。在美国的第七个年头,她回到中国麦肯锡办公室升任财务经理,并在短短几年内成为大中华区财务总监。2019 年,她离开麦肯锡公司,进入了创业投资

她职场 SHE POWER 活出女性光芒

机构光速中国，完成了从咨询到风投行业的转型。

在回顾"纽约麦肯锡—中国麦肯锡——风投"这三段职业发展轨迹时，高劼不无感慨地说："在纽约的七年是我生命中一段很温暖的回忆。那时候年纪还小，不论是价值观，还是行为模式，都很容易被塑造。"到现在，纽约精神已经构成了她的性格底色。

那纽约精神的特点是什么呢？"对我来说，最重要的是对抗精神。我从小在国内念书，到大学毕业，一直都是老师、家长眼里的乖孩子。到纽约后，我感觉那里更崇尚力量感，从心理到身体上，你必须有底气和别人去对抗，去主动争取一切生存和发展的空间。这种野蛮生长的气势和蓬勃的生命力是我在那时的工作环境中感受最深刻的一点。"她说道。

"另外一点就是简单直接。你想要什么就直接提出来，不要兜圈子；人要有底气表达自己，不惧怕被拒绝或反对。最后一点是公平，也就是在权威的职位上时，你的决策可能会影响很多人的生活，此时你是否还能保证在最大程度上做到对所有人公平呢？我在职业早期的一段经历到现在还影响着我的价值观。我觉得这个故事我可能会讲一辈子。"

"在读研究生时，我同时拿到了麦肯锡和黑石两家公司的实习工作邀约。当时我更倾向于麦肯锡，但是黑石给出的薪水更高，这对刚出校门的学生来说，是非常重要和实际的问题。于是，我就和麦肯锡谈判说：'你们给的薪资水平还没到达到我们学校的平均水平，你再看看其他公司对类似职位开出的薪水吧。'麦肯锡公司看了我给出的数据，真的把给我的薪资提到了平均水平。不仅如此，其他同届学生也拿到了薪水更高的工作邀约，其实这件事不说没人会知道，不是吗？但是麦肯锡公司还是做到了一视同仁，在这一点上，它值得我无限尊重。"

在适应了纽约的生活和工作后，高劼发现自己进入了瓶颈期。她说："咨询行业高度讲究沟通的能力，但这不是我的强项，相比英语是母语的人，我还是有一定的差距。"在2007年，她决定回国，看下自己还能不能有其他更宽广的天地。于是她来到了麦肯锡北京办公室，担任财务经理，"和后台行政部门的两个同事基本上负担起了整个办公室的运营"。进入中级管理层后，高劼每天都必须做大量的决策。不论是给自己还是给下属拍板，她都要展现出了勇气和决心，顾及大家的利益，并为自己的选择负责到底。

她在麦肯锡中国的12年里，快速学习和融入的同时，她还获得了一次从中层进入高层的重要升迁。"我的特质之一就是包容度比较高，人际关系总能处理得很好，所以就会获得一些机会。我从北京的财务经理做到中国区总监后，历史性地获得了大中华区财务总监的职位。我能成为麦肯锡公司这一职位上全球最年轻的中国女性，很大程度上得益于一位贵人。这位合伙人是美国人，脾气比较急躁，我和他沟通时真诚直接、敢于对抗。可能是因为这一点，他很欣赏我。在他的推动下，我在30多岁时就升入了大中华区高管层。"高劼回忆道。

随着职位的升迁，高劼发现自己又进入了"岁月静好"的状态。"我已经到了最高级，中短期内已经看到了尽头，所以一年前，我决定再'折腾一下'，去了还处在快速成长期的创投机构——光速中国，"她笑着说，"风投圈自由度也比较高。在麦肯锡公司的时候，你要塑造专业的职业形象，但是现在我穿短裤上班都没问题。"

当被问到为何总是有动力改变和挑战自己时，她答道："我的驱动力主要来自内心的不安全感，所以我必须忙起来，否则内心就会很慌。我从小就很勤奋好学，在成长的过程中获得的正向反馈，哪怕只是考试比上次高了几分，也能给我信心。现在在工作上，我还是会付出比别人更多的时间，我要通过不断地实现自我来缓解不安全感。但这也意味着我必须把部分家务和育儿工作交给其他人来做。我在结婚前就告诉先生，我是不做饭的。照顾孩子我会找阿姨，教育方面我会请家教。专业的事情由专业的人来做，我只做不可替代的工作，这一点我分得很清楚。"

高劼也认为，女性如果解决不了家庭和工作的平衡问题，在职场中就会吃亏。"在男性主导的社会里，职业女性面临的是结构性难题。如果你不能摆平家庭的问题，就很难向上晋升。级别越高的会议中，女性的身影就越少，往往我就是整个场子里唯一的女性。这时候和其他男性沟通就很困难，因为他们在聊体育赛事，但是我能说什么呢？你还要掌握好分寸，来往太密又会被误会，所以处境很艰难。"

因此，高劼认为建立女性联盟，有意识地向其他女性做出一些资源上的倾斜，对打破男性对领导层的"垄断"大有帮助。"我现在很希望把自己的个人经验分享给年轻女性，帮助她们做关键的职业决定，让更多的女性能出现在高层会议中。我自己也在反思社会给女性灌输的信息。比如，我们很会推荐别人，但是介绍自己时就太谦虚了。我的男性朋友都经常批评我这一点。女性要会打个人牌，去影响他人，因为领导力就是影响力。"

在过去 20 年里，高劼一步一个脚印，从一个普通学生成长为如今叱咤职场的高管。回顾以往的奋斗历程，她说："我回头看看起点，觉得已经走了好远好远；再抬头看看前方，发现还有更远的路等着我去探索。"

领导力没有固定的风格

姚瑶是来自 IT 行业的女性高管。长期以来，IT 行业都是男性占绝对主导地位的领域，对此她深有感触地说："女性在科技领域很稀缺。造成这种男女差距的原因并不在于女性学不好理工科。比如，当年在我

她职场 *SHE*
POWER 活出女性光芒

们学院,女生普遍比男生成绩好。男女比例瞬间拉大的情况主要出现在两个节点上。"

第一,在报考专业时,社会和多数家庭不太鼓励女性参与和前沿科技相关的行业,甚至看低女性的能力。因此,女性往往选择了社会普遍认为稳定的、压力小的专业,比如老师、会计等。以我们学院为例,我们一共有16个班,每班大概36到40个人,其中只

▲姚瑶

有七八个女性,能达到5:1男女的性别比,而我们那一届已经是性别比的高峰了,以前都是7:1。"

第二,在就业时,她们依然被鼓励去考公务员或进入银行

体系，而非留在科技行业；反过来，企业在同等水平的毕业生中，会优先选择男性。一方面它们认为男性承压能力更高，另一方面面试的设计会在无意识中向男性倾斜。比如，女性往往在小组讨论中能够展现出自己的组织能力，但在一对一问答环节就缺乏自信，导致无法进入下一轮面试。

当谈到自己为何进入 IT 行业时，姚瑶说："我的幸运之处在于父母都是理工科出身，在我学习 IT 这件事上没有任何犹豫。我妈妈本身就是电气工程专业的，她还经常向我炫耀她年轻时发过论文。直到我关注女性话题后，才知道不少女孩子的父母都反对她们进入科技领域，当时还有点诧异。"

进入大学后，姚瑶发现，女性不论在专业学习，还是在社交方面，其实都具有优势。"当时我们学院女生保研的比例远远高于男生，这说明女性其实在学习层面上一点都不弱于男性。"姚瑶说道。因为女生在理工学院人数较少，所以会得到更多的机会，特别是在组织社团活动方面。姚瑶也因为两次带领同学在优秀班集体答辩中获得了成功，建立了对自己当领导者的信心。

读完本科后，她被免试保送研究生。毕业后，成绩优异的她进入了一家总部位于德国的全球顶尖企业软件供应商。"我在公司最开始是写代码的，但是发现总是出现漏洞，我就想最好去和专业的测试员学习一下，因为当时我觉得测试是质量最核心的环节。学了不到一年后，我发现不是测试的问题，而是整个团队对客户需求的理解不到位。所以，我又和领导申请当需求分析师，就这样又走到了前端。后来公司还专门成立了客户服务中心，把我们的软件交付体系复制到全球各地，"她说道，"当时的公司按照团队分小组管理，所以组员可以在组内轮岗，尝试不同的职务。而我也得以在工作最初的几年，系统地思考了从产品质量到项目成功交付，再到复制组织成功的整个流程。"

不过，姚瑶认为身处大型跨国公司的组织底端，感觉不到市场的反馈和价值。于是她在大型跨国企业工作七年后，选择跳槽到在成都建立办公室不久的一家小型国际数字化转型咨询公司。"我喜欢成长型公司的工作环境，再加上这家公司直接面对客户，而表达能力强、擅长和客户沟通恰恰是我的优势，所以它和我的契合度更高。"

在新公司里，姚瑶飞速成长。"不到三个月我就到了海外常驻客户现场，并很快担任了项目经理，管理30多人的团队。大概一年后，我回到成都，被提拔为成都分公司的总经理。但是管理这件事让我很郁闷。我喜欢到客户现场接受挑战，与客户沟通，共同完成项目。我想不明白，回到公司内部，坐在办公室里管理有什么意义？为什么要管理这些需要自主工作的年轻人？"她说道。

姚瑶还没来得及找到答案，就又获得了一次重要的升迁。她说道：

"我长期跟国外客户打交道,有一次到美国出差六周,跑了五座城市。一个人横跨美国东西岸,去和陌生客户宣讲中国技术能力以及合作方式。回来以后,我就被提拔为公司的海外交付业务总监。"

这次升职让姚瑶陷入了更大的煎熬中。"我可以管理项目,但是到了组织层面,我什么都不懂。每次和上级汇报,我都不知道怎么回答为什么要开展这项业务,要产生怎样的价值等。我经常被批评,写出的PPT和报告也不是很符合要求。在这个职位上的四年里,我体会到一个人的成长并不是你之前做得多好,而是你如何看待未来。"同时,姚瑶也提到,在这个职位上,她感到非常累。"尤其是在面对不同国家、不同行业的多个客户时,很多决策已经变成对人性的考量。你会发现世界残酷的一面,并非专业性高就能得到尊重,并非所有人都为合作共赢而来。"她回忆道。

她曾只身一人去美国和客户谈合同。本来期望双方可以就价格合理谈判,但当她费尽千辛万苦到了客户办公室的时候,人家一个好脸色都没给。三个又高又壮的白人男高层把她领进一个特别宽阔的办公室,一副盛气凌人的架势。她突然就觉得自己好像一个罪犯,在法院等着被他们审判,最后只能赔着笑脸,说不谈了。回酒店后,她就和领导谢罪,领导说自己也没谈下来,劝她不用难过。但如果领导换个态度,还让她继续去谈判,她肯定会立马就辞职了。

那段时间，她经历了很多这种剑拔弩张的场面。在 IT 行业，越到最高层，男性的聚集度越高，那种赤裸冰冷的利益关系、雄性竞争和丛林法则尤其明显。所以，女性在企业中每年的退出率呈上升趋势。她在担任交付总监的那几年里特别纠结，因为她本身是个更喜欢温情的人，在权力比拼和斗争的环境里特别不适应。

姚瑶认为她真正领悟到了管理和领导力的意义，真正走出混沌状态的节点是在她的下一个职位——中国区运营总监。"这个过程很有趣。之前我管理的是 300 多人的大团队，其中主要是男性。运营总监名义上管 2000 多人，但直接向我汇报的几乎都是女性。当时我自己对女性也有成见，比如担心她们可能喜欢八卦或者心机多，也不知道自己纯理性的思维能否和她们打成一片。"她说道，"但是这些女孩完全打破了我的成见。在这个女性群体里，你不会有被霸凌的感觉。这些女性真心欣赏我，希望得到我的认可，我突然找到了自己一直渴望的、团队情感上的联结。我们在一起就斗志昂扬。我雷厉风行地改革，她们努力突破自我，最后整个团队在不到一年的时间里，营收指标就从全球倒数第二进入了正数行列，业绩非常突出。"

在这个女性主导的团队里，姚瑶发现她的领导力觉醒了。她说道："我不再纠结自己是不是也要变成一个冷酷的领导，因为基于情感联结、以发展他人为核心的风格同样可以激励团队，甚至是更有效的领导风格。我现在可以坦然地接受自己，回到有温情的本真状态了。"

哈佛商学院性别研究部门总监安珂霖（Colleen Ammerman）曾说："如今各行业最高领导层女性的人数最高只能占到20%左右，但这一数据和20世纪90年代相比，并没有多大变化。也就是说，虽然我们取得了不少进步，但女性领导力的发展依然处在停滞状态。"

根据2020年世界经济论坛数据，在全球的主要国家中，法国的女性占公司董事会的比例最高，为43.4%（距离50/50仍有少许差距），韩国最低，仅为2.1%，而中国的这一数据为9.7%。

为什么身居高位的女性依然凤毛麟角？为何30年来，尽管已有更多的女性取得了前所未有的突破，但是我们依然没能在女性领导力问题上取得真正的进展？为何越来越多富有事业心并获得良好教育的新一代女性依然面临着困扰上一辈职业女性的问题，艰难应对同一困局并寻求折中方案？多年来，全球学者和女性主义者都在以各自所处的文化为背景，调查这一普遍问题存在的成因。本书会阐释几大流行观点，并深入探讨和反思关于女性领导力的迷思。

女性自己要敢于向前一步

美国硅谷一向是性别歧视的重灾区。实际上，整个IT领域和新兴技术产业都极其缺乏女性的身影。2020年世界经济论坛数据显示，云计算领域只有12%的女性从业者，数据和人工智能行业，女性人数占比为

26%。而在第四次工业革命来临之际，这些决定人类未来发展进程，也是最有利可图的领域，初级从业人员的性别比例严重失衡，更不用说领导层女性的缺失了。

因此，当 Facebook 首席运营官谢丽尔·桑德伯格 2013 年带着《向前一步：女性、工作和领导意志》（Lean In: Women, Work, and the Will to Lead）一书走进公众视野时，似乎没有谁比她更有说服力了。毕业于哈佛商学院、为 Facebook 发展壮大立下赫赫战功的桑德伯格是美国媒体眼中"硅谷最有权势的女性"、美国薪资最高的女性。她于 2013 年登上《时代周刊》杂志封面，并被评为全球最具影响力的人物之一。她的发声让公众对女性领导力话题的关注到达了新高度。

在男性主导的行业里，站出来引领女性领导力话题的讨论需要极大的勇气。桑德伯格本人的确提到过，公开讨论这一问题导致她本人受到了公众大量的质疑和严苛的审视。相比之下，更多女性高管为与男性达成妥协和同盟，选择了闭口不谈女性群体面临的职场歧视。美国加州大学哈斯汀法学院杰出的法学教授琼·C. 威廉姆斯（Joan C. Williams）就曾指出，每当雅虎公司前 CEO 玛丽莎·梅耶尔（Marissa Mayer）被问到作为公司里仅有的几个女性程序员感觉如何时，她总会说："我在谷歌不是女孩，是电脑怪胎。"而一旦有人问玛丽莎怎样鼓励更多女性进入技术工程领域，她会回应说自己更关注让男性和女性都成为工程师。

桑德伯格在《向前一步》中毫不避讳地提到了女性在工作中遭到的歧视。她指出，相较男性同级，女性要晋升为领导者，就必须走上更加艰难曲折的道路。她提到了在技术领域，女性和男性自幼就被区别对待——电脑往往是男孩房间的标配。她犀利地指出，女性展现出的进取心会被视为负面特质；而在男性身上，这就是一个优点。桑德伯格本人在成长过程中一直被同伴说成"专横霸道"的人，她为此苦恼不已，直到后来发现同一特质在男性同伴身上却被称为"有领导能力"。

桑德伯格还认为，女性职业发展之所以受限，一方面是由于社会环境与根深蒂固的性别偏见作祟，另一方面是因为女性对自己的束缚导致其在领导层成为少数。因此，女性完全可以通过改变自己来拓宽向上晋升的渠道，比如敢于展现强势、自信的一面，不必过分担忧别人是否喜欢自己，找到帮助自己的导师，不轻易为照顾家庭而放弃工作机会，等等。

在 Facebook 工作的时候，桑德伯格曾邀请美国前财政部长蒂姆·盖特纳（Tim Geithner）以及 15 位硅谷高层展开对话。然而，在所有人坐到桌子前准备讨论时，她发现盖特纳财长的四位随行人员（皆为女性）坐到了会议室墙边的椅子上。桑德伯格回忆说："这四位女性完全有权利参与会议，但对座位的选择却让她们看上去更喜欢旁观而非参与进来。"这次会议对桑德伯格来说成了一个"转折点"。她开始认识到，女性群体普遍表现出的不自信以及退缩心理严重阻碍了她们的晋升。"即便那些在自己工作的领域成就斐然，甚至已是专家级别的女性，仍然摆脱不了一种感觉，即我其实只是个技术水平或能力都很有限的冒牌货，我现在获得的荣誉不过是因为碰巧被大家发现了而已。"

在和很多女性高管交谈时，我们也听到了类似的故事。2019年，在一次主题为"全球女性与未来"的会议上，几位全球500强高管组成了圆桌会议，讨论女性领导力目前的困局。其中一位女性高管提到，她在其他论坛上与同级高管组成小组讨论时，曾被要求选出一位组长。当时，整个小组中只有一位男性，按理说在这种情况下，女性不会再因为人数过少而失去主动权了。但是其中一位女性提议："鉴于组里只有一位男性，属于少数，就让他当领导吧。"其他女性高管纷纷表示赞同。

这位女高管当时非常激动，要求"组长"必须从大多数女性中选出，而不是乖乖让给唯一的男性。此后，她对领导层缺乏女性身影的现象得出了和桑德伯格同样的看法，即女性往往因为缺乏主动性和企图心而错失表现自己领导才能的机会。或者说，如果女性自己能够克服自我怀疑，把主动权牢牢掌握在手中，勇于承担责任和接受挑战，那么女性领导力的问题很可能就不攻自破了。

那么，女性只要向前一步，所有困难都会迎刃而解了吗？是否女性在高层的人数少，主要原因在于女性自己没有主动去争取更多的表现机会和更高的职位呢？在《向前一步》的书评中，有一条引起了我的关注。

2015 年，来自 IT 行业的软件工程师凯特·赫德尔斯顿（Kate Heddleston）提出了质疑。她将 IT 行业的女性比喻为"煤矿里的金丝雀"。她说道："正常情况下，当煤矿里的金丝雀开始死亡时，你就知道环境里有毒，应该赶快跑出去；相反，现在科技行业只是看着金丝雀，想知道它们为什么不能呼吸，还要大声呼吁，'向前一步，金丝雀。冲呀！'一只金丝雀死了，他们会再放进去一只新金丝雀，因为增加金丝雀数量是解决金丝雀短缺的方法，对吧？但问题是煤矿里氧气不足，而不是金丝雀太少了。"

一起努力，摆脱性别偏见

当我们再次反思领导职位，甚至所有未来最有利可图的领域中女性身影的缺失时，也许女性个体的努力和进取心不足并非问题的核心所在，也不足以改变现状。正如自由撰稿人兼女性主义者哈里特·明特（Harriet Minter）所说："我在《卫报》发起女性领导力项目的时候，才深刻认识到我们行为模式背后的成因。在此之前，我还以为女性之所以很少成为领导者，是因为她们主动放弃了机会。直到我开始查看相关数据，理解了其行为背后的心理因素以及组织管理结构因素时，我才开始意识到，女性并非主动放弃了，而是在别无选择后，被动退出且不知道如何再次回到晋升轨道了"。

哈佛商学院一直致力于研究阻碍女性晋升的结构性因素，并在其标志性杂志《哈佛商业评论》上发表了多篇重量级文章。比如，在《女性与领导力迷宫》(Women and the Labyrinth of Leadership)一文中，西北大学心理学教授艾丽斯·H.伊格利（Alice H. Eagly）和韦尔斯利学院心理学副教授琳达·L.卡利（Linda L. Carli）将女性的职场晋升路径比喻为艰险曲折的迷宫。那么，女性究竟会遭遇哪些结构性障碍？

长期结构性歧视的影响。长达40年的经济学和社会学研究证明，男性相较于同级女性，享受着更高的薪酬和更快的晋升渠道。社会学家克里斯汀·威廉姆斯（Christine Williams）通过研究甚至发现，即便在女性主导的传统行业，如护理、幼教、社工行业，男性晋升到主管职位的速度都快于女性。伊格利和卡利特别提到了戈德堡范式（Goldberg paradigm），即1968年菲利普·戈德堡（Philip Goldberg）在一次实验中，让两组学生看内容一样的文章，区别在于两组学生所看到作者的名字、性别不同。实验结果表明，对同一篇文章，附有女性名字的评价更低。

40年后，职场中仍重复出现着戈德堡范式。比如，20世纪70年代以前，在美国大型管弦乐队中，女性演奏者只占不到10%。原因不在于女性的演奏水平不如男性，而是面试官抱有偏见。但当管弦乐队开始让音乐家在窗帘后试奏，面试官不知道对方的性别后，管弦乐队中的女性的比例则升至现在的将近40%。因此，在长期以来整个评估体系都偏向男性的环境里，处在各个层级的女性的晋升路径都更困难，而且越往上晋升，会越艰难。"最高层女性领导者的稀少代表了各层级女性所受歧视的总和"。

对女性领导者的社会偏见。从全球来看，社会对女性、男性以及领导力有固定的理解和标准。比如，女性的特质被认为是富有同理心、乐于助人、善良友好的等；男性则应该是坚定刚毅、有掌控力、有野心和好胜心、自信满满的，等等。而传统男性的特质往往被认为是高效领导者的特征，这可能是因为男性长期垄断领导职位导致领导特质往往与男性特质相关联。

女性因此陷入了两难境地。如果她们表现出自信坚定的一面，就会被认为不够"和善"并遭到抵制。比如，桑德伯格在少年时期就被攻击为是"专横霸道"的人。另外，已经有不少研究证明，女性的强势行为只能降低其获得职位和晋升的可能性，所以自我推销和展现主动性（或者说"往桌前坐"）对女性来说风险更高。另有研究表明，调查对象更容易将"成功女性管理者"看成比"成功男性管理者"更狡猾、好胜、自私和粗暴的人。事实上，"女强人"一词在多个国家和地区都带有"不讨人喜欢""不友善"的负面含义。

如果女性表现出关怀力，又会被认为过于软弱，不堪领导重任。琼·威廉姆斯曾指出，女性表现出太多传统女性特质的话，就很容易被指派做大量不重要的工作，成为"办公室家政"人员。这里要注意的是，研究表明如果男性展现出乐于助人或和善的特质，就会得到更多的赞赏，并更可能得到晋升机会；男性即便不肯帮助他人，也不会被苛责，但女性则很难逃脱"罪名"。40年来的社会科学研究表明，对女性员工的偏见如果不加以制止，就会继续渗透到人们的观念中。在这一趋势下，女性升迁会更难通过个人努力来实现突破。

家庭重担及其不利后果。工作与家庭的平衡是困扰多数职业女性的问题，也一度成为女性领导力的重要议题。当蒂娜·菲（Tina Fey）、董明珠等知名成功职业女性被问到如何平衡家庭与事业时，她们的回应都是："你为什么不去问男性这个问题呢？"但事实上，时至今日，女性仍被默认为承担主要家庭责任的一方。

数据显示，全球女性都面临"双份工作"的问题，即全职母亲和全职父亲相比，母亲比父亲多做两倍的家务活，多做三倍照顾婴儿的工作。就中国而言，复旦大学经济学院公共经济系主任封进的研究结果显示，传统观念下，中国女性需承担更多的家务劳动，家务劳动时间平均而言是男性的2.57倍。

女性仍不得不因生育或照顾家庭成员休更多的假，做更多的兼职工作。如果家庭中需要有人放弃事业和收入来照料其他家人，那么这个人很可能是女性。美国跨代关怀（Caring Across Generations）联盟的联合主任萨里塔·古普塔（Sarita Gupta）和蒲艾真（Ai-jen Poo）指出，美国一项针对无业青壮年的调查研究发现，36% 的无业女性因照料家人而失业；相比之下，男性只占 3%。而平均每名离开劳动力市场、专门照料家中病人的女性在一生中，都会损失 32.4044 万美元的收入、社保和私人养老金，而薪资的性别差距已经让女性生存环境十分艰难了。

因养育年幼子女而选择退出职场的女性也不在少数，其中不乏最高管理层的女性，"选择性退出"即是针对这一现象衍生出来的词汇。如今，绝大多数主管仍认为，女性会为养育责任而放弃事业，而看重家庭甚于工作是女性在职场晋升中的最大障碍。但根据哈佛商学院工商管理系教授罗宾·J. 伊莱（Robin J. Ely）等人所做的研究，成就卓越且受过高等教育的职业女性之所以当上母亲后离开公司，很少人是因为全身心投入为人母的工作，大多数则是因为不得已而抱恨离开，"因为她们发现自己晋升希望渺茫，遇到了事业瓶颈。公司会通过各种微妙的方式告诉她们，她们不再适合做'职场人'：她们常因为利用弹性工作时间或被认为减少了工作，而被拒绝参与重要的业务，抑或被从曾经领导的项目中除名"。

传统观念中的母职和家庭重担不仅变成了迫使女性员工离开职场的借口，还在其他方面挤压着女性的晋升空间。比如，与同事、客户社交和建立职业人脉网络需要本职工作之外的大量时间，但女性很难投入更多的时间进行对晋升极为有益的"非正式沟通"。即便有足够的时间，

她职场 SHE
POWER 活出女性光芒

女性也很难挤入由绝大多数男性组成的人脉网络，参与传统上男性钟爱的项目，比如体育运动、去酒吧喝酒等。

某位女性销售人员曾向研究人员反馈称，曾有客户因其女性身份而拒绝让她加入自己与其男同事在酒吧私下进行的商谈。在非正式沟通极其重要的销售行业，女性的确更难取得突出的成绩。此外，老板往往会认为男性更符合理想员工的形象。正如波士顿大学组织行为学助理教授艾琳·里德（Erin Reid）所讲，人们似乎认定女性五点下班就是回家看孩子去了，而男性同样的时间点下班很可能是"去见客户了"。

美国国务院前高官安尼-玛丽·斯劳特（Anne-Marie Slaughter）在其著作《女性无法拥有一切》（*Why Women Still Can't Have It All*）一文中指出，即便进入现代社会，人们仍然普遍认为男性的首要家庭义务是养家糊口，而女性则是相夫教子。通常，如果女性为了事业放弃年幼子女，往往会被指责为"不是好母亲"。而男性如果为了公共利益选择牺牲家庭，反而会得到赞美。

因此，针对女性缺乏远大抱负导致领导层人数过少的结论，我们必须看到女性面临的性别偏见使其处于两难境地，并且在传统工作体制和评估体系内，女性遭遇到了歧视和不公平的待遇。与其强调女性个人的努力和突破，不如改变结构性因素和"有毒"的环境，这样才能真正迎来女性群体在领导力方面的崛起。比如，改变了管弦乐演奏者的评估方式使女性乐手人数增长，又或像斯特劳提到的那样改变考勤方式、加班文化，重塑家庭价值观和成功的职业轨迹等。

总之，女性要走出领导力困境，需要自上而下地进行干预，甚至涉及整个社会的讨论反思以及制度和流程的改革，正如我曾采访的一位女性高管所讲："这是对的方向，也是我们应该做的工作。"

克服其他不利因素

我们都知道女性刚入职场的时候，是和男性并驾齐驱的，甚至比例略超过男性。但是随着职位的提升，女性就开始掉队了。根据麦肯锡公司在 2012 年发布的一个报告，女性在初入职场的时候，占比 53%，其中经理级别 40%，总监级别 35%，副总裁级别 27%，高级副总裁级别 24%，CEO、COO、CMO 这样的 C 级别占比就只有 19% 了。这是一件令人遗憾的事情，毕竟女性在职场具有这么多的优势。

因此，我们也要去思考除了要生育以及要平衡家庭与工作以外，有没有其他因素限制了职业女性攀登顶峰？女性在职场除了具有的优势外，是不是也存在一些劣势呢？

加强战略思维

职场有时就是战场,要有目标,更要有成果,所以,逻辑分析能力、冒险精神、战略思维、全局观都是必不可少的特质。很多人说战略思维能力是一项至关重要的能力。

怎么提高战略思维呢？一个人如果了解历史,熟悉经济学和哲学的基础知识,对自己所在行业有深刻洞察,就能拥有基本的战略思维。《哈佛商业评论》曾刊登的一篇文章《战略领导力：至关重要的技能》(*Strategic Leadership: The Essential Skills*)介绍了如何培养战略思维能力,这篇文章基于一项涉及20 000多名高管的研究,发现了战略思维领导者所必须具备的六项能力：预测、挑战、解读、决断、联盟和学习(anticipate, challenge, interpret, decide, align and learn)。

如何提高预测能力呢？可以多读行业研报、上市公司财报；或者多跟自己公司上下游的合作伙伴沟通,了解他们面临的挑战；也可以深入调查一个快速增长的竞争对手,看看他们为取得增长做对了什么,是什么使你们陷入了被动境地？

如何提高挑战能力呢？那就要在决策过程中邀请反对者参与,倾听不同的声音,在一个决策做出之前,了解可能存在的风险点。

如何提高解读能力呢？邀请不同专长不同性格不同思维模式的人参与讨论同一件事情，通过综合他们的观点，通过多元视角，做到既关注细节，又纵览全局。

如何提高决断能力呢？可以把大的决策分解为几个可以理解和执行的小的决策，先尝试阶段性做出决定。

如何提高联盟能力呢？你可以尽早多进行沟通，避免在组织内部利益相关者投诉说"没人问过我"；同时，鼓起勇气直接接触对抗者，了解他们的顾虑，然后解决问题；其次，要认可并奖励那些支持你工作的同盟军；最后，要不断寻找比自己更优秀的人，和他们同行，即使可能因为在同一个行业或者同一家公司工作，短期存在竞争关系，但长期一定能帮助提高战略思维。刘关张桃园三结义就是为刘备提供战略思维做储备的，刘备得到了诸葛亮的帮助，才能够因此改变当时三国的格局。

如何提高学习能力呢？你可以建立跟踪和复盘机制，了解哪些决策和后续的跟进存在什么不足，获得宝贵的经验教训，不断迭代优化。

我（邱玉梅）有一位女性朋友组建了一个小小的打卡阅读群，这个群里的成员会大量阅读历史类、传记类和战略类书籍，以此训练自己的战略思考能力。同时，她会刻意和身边具有卓越战略能力的人成为好朋友，定期进行深度沟通交流。

当我自己想要对一个行业拥有前瞻性的思维时，我就会同时找几位相关行业的投资人，进行交叉对谈。投资人每天做的工作就是研究趋势，我会比对他们的观点和提供的信息，从中尽可能梳理出一条脉络清晰的线索，结合自己判断，形成战略思考。

提升职场竞争意识

男女对于成就感的需求各不相同，男性的心理聚焦于"竞争"和"我最棒"，而女性的动机却是外界的认可和安全感。因此，一旦女性在感情、家庭和职场中获得了一定的安全感，就比较容易满足。在职场碰到困难时，女性也比男性更容易产生回归家庭的想法。愿意不断折腾，寻求更大成就的女性还是少数，她们需要付出艰苦卓绝的努力。

著名的女性主义先锋人物波伏娃曾经说过："男性的极大幸运在于，他不论在成年还是在小时候，必须踏上一条极为艰苦的道路，不过这是一条最可靠的道路；女性的不幸则在于她被几乎不可抗拒的诱惑包围着。她不被要求奋发向上，而只是被鼓励滑下去到达极乐。当她发觉自己被海市蜃楼愚弄时，已经为时太晚了，她的力量在失败的冒险中已被耗尽。"

学会争取正当的利益

研究发现，实际上女性工作起来比男性更努力，而且把工作做好的愿望非常强烈，但男性和女性在工作中面对的激励机制却大不相同。男性重视晋升、薪水和职位，并倾向于使用这些标准来判断其职业成就；相反，个人成长、工作挑战、人际关系等因素都能给女性带来激励，女性对职业生涯成功的界定更广泛一些。有一位跨国制造业公司的人力资源负责人经常被猎头用高薪诱惑她加入其他公司，但是因为她所在的公司人际关非常融洽，所以她不愿意为了高薪离开；她曾经在人际关系上消耗很大的公司工作过，现在再也不愿意回到那样的环境中了。男性在相同的情况下，很可能选择薪水更高的工作，人际关系不会放到那么重要的维度考量。

同时，男女心理差异对薪资收入也会造成影响。美国宾夕法尼亚州卡内基梅隆大学经济学教授琳达·巴布科克（Linda Babcock）对此进行了调查研究，结果发现女性的工资比同等资历的男性要低五个百分点。而女性自身的心理特点对薪资的这种影响在其他国家的女性中也有同等意义。

在要求加薪时，女性往往采取与男性不同的方法。男性对加薪的要求会更直接、更强烈，因此更容易得到理解和认同，加薪的要求也就更容易实现。女性在要求加薪时通常采用暗示的方法，有时候老板并不明白她们实际上是在要求加薪。她们的加薪要求也远没有男性那么强烈和坚决。调查显示，20% 的男性表示，如果加薪的要求不被满足，他们就会选择辞职，而只有 4% 的女性会选择这样做。这也导致老板认为男性要求加薪得不到满足的话，公司很可能就会失去这个人才；而女性的加薪要求即使得不到满足，她们也不一定会离开公司。因此，为了节约人力成本，有些老板不会轻易给女职员加薪。

我在外企工作的时候，曾有一位男同事 30 岁不到就做到了集团下面一家公司的 CFO。除了特别聪明能干、极其敬业以外，很重要的一个原因是他会锲而不舍地在总部和国内老板的面前刷存在感，不厌其烦地去争取自己的利益。他会向第三方人力资源机构了解市场上的薪资水平，会每年列出自己对公司的重要贡献，也会在公司和关键人物建立同盟关系，以便他想升职加薪的时候有人为他说话。他的敬业和执着不仅体现在工作方面，还体现在寻求加薪升职等方方面面。

我发现我年轻的时候面对"女强人"型的领导时，也和所有人一样，对她们抱有偏见，觉得她们太强势和高调了。每当她们中有人像男性一样去和我们共同的老板强势争取升职加薪时，我都会觉得她们不太符合女性的形象。但是往往到最后，我发现这些勇于为自己争取利益的人还是比较容易达成自己的目标的。毕竟在航空母舰型的大公司，一个人不懂得怎样让自己脱颖而出，不懂得怎样让公司和老板看到自己的功劳，还是会吃亏的。

职场女性的美貌困境

2011 年，我（刘筱薇）还在悉尼大学读研究生，并在考虑自己的毕业论文的研究方向。有一次去和导师讨论前，我对着镜子化妆，尝试使用新学会的化妆技巧。妆化到一半时，我看着手里的粉扑和满桌子的化妆刷和化妆品，心想自己到底在干什么。为什么我出门前要花这么长时间化妆，而我的男同学已经在和导师讨论了？为什么出席正式会议前，我要用各种工具和化学产品装饰自己？究竟我在遮盖和描画什么？

这一瞬间我决定了自己的研究方向，当然这是后话。现在回看这一幕，我想很多女性都有过同样的疑问和困扰：为什么"美丽"是一件麻烦事？我们有多少人是迫于社会压力而装饰自己？有多少人仅仅是为了取悦自己？仅就我个人而言，答案更多的是前者。如果我是男性，我不会斤斤计较自己哪天眉毛对不齐了、哪天毛孔又大了一些、哪天皱纹多了一条、哪天体重又增加了。我会非常乐意起床洗洗脸，就穿着运动鞋、背着背包出门。但因为我是女性，所以我会介意这一切细节，因为不精致的女性和不精致的男性受到的社会反馈截然不同。

特蕾西·斯派塞（Tracey Spicer）是澳大利亚知名电视新闻主播、记者、作家和演说家，从事媒体行业达 30 多年。她在 2014 年的一次 TED 演讲后"一脱成名"。演讲一开始，她穿着紧身蓝色套装，踩着高跟鞋，头发顺滑光亮，妆容精致优雅。但随着演讲的深入，她脱掉了

她职场 *SHE*
POWER 活出女性光芒

套装和高跟鞋，卸了妆，恢复了头发的原状，变成了她觉得最舒服的模样。

虽然"脱下面具、卸下盔甲"只用了几分钟，但为了准备这次亮相，她已经花了大量的时间。特蕾西解释说："我在上午六点起床，看着镜子里的老太婆，心想她是哪儿的？"于是她开始晨练，为穿上"符合职场规范的小码衣服"做准备。接着她去洗澡，清理角质；洗头发，等待头发吸收有胎盘提取物的护发素精华，然后清洗；沐浴后擦干身体，涂上护肤乳，等待皮肤吸收营养；洗脸，涂爽肤水、精华、眼霜（必须轻拍，否则会拉扯娇嫩的眼部肌肤），等待吸收；将头发分层，用直发棒加热直至定型，涂发胶；化妆，用粉底、粉饼、遮瑕膏、腮红、眼影、眼线笔、睫毛夹、睫毛膏、眉笔、眉色、唇线、唇膏、唇彩；穿上干洗后的职业装；涂上指甲油；还要记得修眉。

这一整套程序对很多职业女性来说并不陌生，甚至多数女性在出席正式场合前都会经历一次。但是有多少人享受其中，或者说因此受益呢？正如特蕾西给出的数据，玛莎百货（Marks and Spencer）的调查发现，女性在工作前做准备的平均时间为 27 分钟。一年下来，就是十个完整的工作日。研究发现，女性一生中平均要花 3276 个小时来打扮自己，男性则为 1092 个小时，大约只有女性的 1/3。

想象一下，这 3000 多个小时是多么大的生产力损失！另一项关键的研究发现，对女性来说，打扮时间过多实际上是一种消极的工作，并没有积极意义。就美国而言，如果女性的打扮时间增加一倍，收入平均会减少 3.4%。为什么呢？因为这是一项非市场性的活动。另一项占了女性大部分时间的非市场性活动是什么呢？是家务！

也就是说，让自己变得美和得体不仅是一件麻烦事，还在减少女性的收入；另外，购买服饰、箱包、鞋履和化妆品、护肤品等身体护理产品也增加了女性的经济负担——想想向女性销售的鞋包款式有多少种吧。目前全球美容业估值已达 5320 亿美元，众多品牌大力向女性推销其旗下的一系列产品，暗示这些产品可以让她们变得更美，更受欢迎，或者更容易获得成功。美容业就女性外貌设定或强加各种期望，从而继续攫取更多财富。2017 年的一项研究发现，平均来看，女性每天在脸上涂抹的产品价值为 8 美元。另一项研究发现，平均每位女性一生中在护肤和化妆方面的花费高达 22.5 万美元。

当然，还有粉红税。粉红税是指男女在购买产品时，仅仅因性别差异就会面对不同的价格，其中粉红代表女性，税则是高出的差额。研究表明，以女性为销售对象的产品比针对男性的产品价格高的概率是 42%。比如，在理发这类服务上，女性做发型的价格普遍高于男性，而在购买服装和奢侈品时，粉红税更明显。卫生巾、高跟鞋等产品的粉红税男性自然可以避免，但在化妆品消费方面，男性市场远远小于女性市场。在社会传统观念中，女性也是应该购买化妆品的人群，男性购买化

她职场 *SHE*
POWER 活出女性光芒

妆品则容易被划为"异类"。

那么，女性是否可以逃避这些粉红陷阱呢？答案是貌似很难。在当前的商业社会中，女性化妆已经被塑造成了有"专业素养"的表现。中国中高端人才职业发展平台猎聘 2017 年发布的《职场女性化妆状况调研报告》显示，在"女性上班有没有必要化妆"这个问题上，47.49% 的参与者认为有必要，只有 2.51% 的人认为没有必要。在"女性上班化妆最积极的意义"这一问题上，回答"让她们显得更专业"的参与者占到了 37.15%。

虽然将近一半人认为，女性上班化妆的必要性也取决于其从事的工作，但数据显示，无论在哪种工作环境中，相较于男性，女性的穿着打扮受到的审视更多。换句话说，对外表的性别期望的确会因职场文化不同而有很大的差异，但在美貌期望方面，对女性的外部压力——不管是来自老板、媒体还是整个社会的，在各行业都会折射出来，甚至以"美""精致"可以展示专业化、社会化这样的观念反映出来。比如，即便女性的技能或所从事的行业与外表并无关联时，其穿着打扮也受到了更多的关注——特雷莎·梅（Theresa May）穿着豹纹高跟鞋出现在大众眼前后，她的着装也成了媒体关注的焦点。

很多女性在工作上都面临着"美貌期望差距"危机：如果不维持精致得体的仪容仪表、满足社会对职业女性的外貌期望，会有被质疑"不

"专业"的风险。特蕾西提到了自己刚从事新闻工作时遇到的一幕。

那时,她还很年轻,是早间新闻的编辑。她会在凌晨三点半来公司,不化妆,而且因为刚洗完澡,头发还是湿漉漉的。有时候她还会穿着睡衣来办公室,因为太早了,但她还是完成了任务。有一天,老板来了。他似乎憋了很久,才忍无可忍地跟特蕾西有了以下对话。

老板说:"特蕾西,我需要和你谈谈你的态度。"

她说:"好,怎么了?"

老板说:"你需要改改你的行为。你看起来不专业。"

她真的感到很困惑,就说:"你什么意思?"

老板说:"嗯,你至少可以偶尔化化妆!"

她说:"这怎么就让我更专业了呢?"

老板说:"因为这就是社会对女士们的期望啊。"

之后,老板怒气冲冲地走了出去,砰的一声关上了门。

她职场 *SHE*
POWER 活出女性光芒

不要因为追求"美"而陷入痛苦

2018年末，我（刘筱薇）采访了美国社会学者阿什莉·米尔斯（Ashley Mears），具体内容发表于《时尚Cosmo》2019年4月刊。阿什莉在20岁出头时曾在纽约当模特，结束模特生涯后开启了学术生活，并将研究方向定位于市场与文化的交叉点。2011年，她基于从事模特工作的这段经历，撰写了《美丽的标价：模特行业的规则》（*Pricing Beauty: The Making of a Fashion Model*）一书。

《美丽的标价》强调当身体进入商业系统，对于"美"的定义就取决于经纪人、造型师、摄影师、媒体，等等。"美"的背后是一整套社会系统塑造的价值观。或者说，我们眼中的"美貌"往往是权力系统博弈的产物，而非纯粹的主观感受。例如，她指出，对美的标准的评定中存在基于社会权力结构的性别偏见——女性的"美"比男性的更难实现。男性长了皱纹或者白头发，仍然可以是温文儒雅的；但对女性而言，结果可能就是灾难性的。苏珊·桑塔格（Susan Sontag）曾提到，社会对两性年龄的增长有双重标准，"美击垮女性，而非男性"。

桑塔格强调，对女性来说，只有一种女性美的标准，即女孩是被认可的女孩。男性拥有的最大优势是，我们的文化允许两种标准的男性美：男孩和男性。男孩的美与女孩的美相似，都是一种脆弱的美。但社会对男性美的评判中，还有另一种标准——皮肤更粗糙、身体更粗壮。

当男性失去了男孩光滑的皮肤时,他不会感到悲伤,因为他只是用一种形式的吸引力换来了另一种形式的吸引力:每天刮胡子而变得粗糙的脸,显示出所谓的男性成熟和坚毅;魁梧,甚至稍微发福的身材彰显了社会的打磨。甚至这些都变得不再重要,正如阿什莉所说,"社会对男性的评判基于其财产,而对女性的则基于外貌"。

对女性而言,没有与这第二项标准相当的标准。美丽的标准是单一的:她们必须继续拥有光洁的皮肤和苗条的身材。每一条皱纹、每一根白发都是一次失败。在商业社会中,女性总是被社交媒体和品牌广告塑造的理想女性形象所包围——这些美丽的女性无一不是年轻的、苗条的,她们被鼓励为继续"看起来像女孩"而努力抗衰、减肥。公开数据显示,全球抗衰老产品市场价值已经突破 3000 亿美元大关。在中国,抗衰老化妆品的市场份额在不断增加,已经达到了 23%,成为第一大品类。艾瑞咨询 2019 年的报告指出,总规模约 7746 万的新中产女性对美容仪器、营养保健品和防晒产品的消费大幅上升,明显体现了抗衰老的重点诉求。

减肥也是女性热衷的话题。澳大利亚 2016 年的一项研究发现,男性和女性都认为身体脂肪含量低的女性,比身材正常、脂肪含量健康的女性更有吸引力;而身体脂肪含量过低的健康成年男性,并不比正常区间的男性更具吸引力。实际上,处在正常区间的男性最具吸引力。

女性从来都不介意自己更瘦一些，毕竟流行文化中纤瘦的模特和偶像仍是主流，而我们对美的定义似乎是对纤瘦美概念的反映。根据全球进食障碍数据统计，2000 年至 2018 年间，全球进食障碍患病率从 3.4% 上升至 7.8%。世卫组织的数据则显示，女性患厌食症和暴食症的比例远远超过男性，对体形的过多关注往往是厌食症和暴食症的症状和发病的原因之一。或者说，为了变瘦，大量女性因此患上了进食障碍症。

纤瘦美令大量女性深陷痛苦。然而，艺术历史学家阿德丽娜·莫德蒂（Adelina Modesti）表示，传统意义上的美丽从来都不是苗条。在中国，我们也可以发现对美好体形的定义随时代的变迁而改变。因此，纤瘦美确实是一个现代的概念，并且是社会创建出来的，是用于规训和监督身体使用的概念。

主流意义上的美未必能让你受益

如果你想努力让自己的外貌与电视、杂志或社交媒体上展示的美女看齐，成为主流意义上的美人，你是否会因此受益呢？

美貌经济学（pulchronomics）一词是经济学家丹尼尔·S. 哈默梅什（Daniel S. Hamermesh）在《为美貌买单：为何有魅力的人更加成功》（*Beauty Pays：Why Attractive People Are More Successful*）一书中首次使用的名词，指漂亮的外表有助于我们在工作中取得成功，获得物质回报。哈默梅什和杰夫·比德尔（Jeff Biddle）的研究表明，长得好看的员工在面试中被问到的问题更少，更有可能获得晋升，薪水也比其他同级别的同事高出10%。

长得漂亮真的是上天赐予的礼物吗？其他研究又给出了与这一关观点相左的证据。华盛顿州立大学的助理教授利娅·谢泼德（Leah Sheppard）和科罗拉多大学博尔德分校的副教授斯蒂芬妮·约翰逊（Stefanie Johnson）的最新研究表明，与长相普通的女性相比，漂亮的女性被认为不那么诚实，作为领导者不那么值得信赖，更应该被解雇。谢泼德说："极具吸引力的女性会被认为是危险的。"她将这一现象称为"蛇蝎美人效应"。

虽然更有魅力的女性在获得工作和晋升方面有优势，但在双重标准下，她们会被标记为潜在的"邪恶女性"，意图操纵男性。聪明和有吸引力可能会让你得到这份工作，但之后你有可能因为这些品质而遭到唾骂和惩罚。如果你是女性高管，那么情况会更糟。

此外，漂亮女性非常容易在职场中受到质疑。我们采访的一位模特曾说："很多人认为我的生活很轻松，只会扮漂亮，但大脑空空。但实际上你得更努力地工作，才能得到重视。"哈佛大学的一项研究发现，化妆的女性被认为更讨人喜欢、更有能力，但化妆后的漂亮女性则不然。"人们可能会认为你只注重化妆和外表，而不会认真对待你"。

即便在严重依赖美貌的工作中，女性似乎也无法从美貌中获益，因为美丽需要用时间、金钱和精力去维持。比如，在高档餐饮行业，化妆会让你得到更多的小费，但化妆品的开销并非小数。更重要的是，美丽不会永远持续下去。千禧一代女性中有越来越多的人开始借助医美手段来变得更美。在所有年龄段中，18 至 24 岁的人最有可能在现在或将来考虑为自己做整形手术。目前针对职场白领女性的微整形市场在中国逐渐成熟，选择"午休微整形"的女性白领在我们的身边并不少见。

正如阿什莉所说："维持美貌的压力对女性来说非常不公平，而且她们注定会失败：美貌会消失，这是每个人都无法避免的命运。我现在想到的最好的方法是，关注其他让我感到有力量和自豪的事。"

在美与舒适间找到平衡点

当我带着自己的问题和思考去见了导师时，她微笑着说："我建议你读一下《美貌的神话》（The Beauty Myth）这本书。"《美貌的神话》是美国作家、女性主义者娜奥米·沃尔夫（Naomi Wolf）在 20 世纪末出版的女性主义非小说畅销书，在今天看来依然有现实意义。

在这本书中，沃尔夫指出，在工业革命以前，男权束缚女性的手段是家庭；而在工业革命后，女性走出家庭寻找工作，但男权依然通过美貌神话借尸还魂，用更隐秘的手法禁锢了女性。她分析了几个世纪以来女性生活的细节，讨论了"美丽"的标准和期望在各个时代发生了怎样的变化。她发问道："当女性投入时间、金钱和努力来满足特定的美丽标准时，男性得到了什么？那就是美貌神话让女性的注意力远离了政治和科学等通常由男性主导的领域——把女性的目光聚焦在自身的缺点上，然后为她们提供建议的解决方案，如饮食、锻炼、皮肤护理、化妆和整形手术。其中的每一项都是庞大的产业，每一代人都参与其中。

另外，在大众媒体和社会的系统性灌输下，年轻女孩从第一天起就学会把自己的身体和其他女性进行比较，并展开对于美的竞技运动。她们为不化妆和不穿时髦的衣服而感到羞愧，为其他女性的"缺点"而高兴，而非联合起来打破美貌神话。

《美貌的神话》给了我很大的震撼。但在之后的研究中，我发现很多女性在打扮中也找到了快乐，还有女性通过化妆获得了自信，并和有类似兴趣的女性建立了友谊。因此，究竟女性在变"美"的过程中是受到了压迫，还是获得了能量呢？

在反复权衡后，我选择了平衡两种观点，即在你感受到快乐时享受"美"的概念，在感到不适时对美貌神话发起质疑，甚至抗争。或者说，当你的美貌计划让健康陷入危机，或者耗尽了你的银行存款时，你就需要重新考虑一下美究竟是为谁准备的了。

她职场 *SHE*
POWER 活出女性光芒

在职场打拼，也要保护好自己

性骚扰一直都是比较隐晦的话题。直到前几年的 #MeToo 运动在全球相继引燃性别战火后，大量性骚扰案才得以曝光。更多的人在了解到这方面的知识后，才知道当初那些让自己不舒服的事或者话语实际上就是性骚扰。

性骚扰既会发生在女性身上，也会发生在男性身上，既存在于两性关系中，也存在于同性关系中。但数据显示，女性遭受性骚扰的案例占比远超过男性，比如美国 2017 年的性骚扰投诉中只有约 16% 来自男性。因此，公共讨论经常把性骚扰作为女性主要面临的问题来讨论。多项调查表明，大多数女性报告称，自己曾在一生中的某个时刻遭受过性骚扰，往往从年轻时就开始不止一次遇到性骚扰。

美国的一项民意调查表明，多数女性认为，发生在工作场所的性骚扰比其他场合的都要多。国际工会联盟（ITUC）2008 年的数据为这一说法提供了支持：在工业化国家，42%~50% 的女性在职场中受到过性骚扰；在欧盟，这一数据为 40%~50%；亚太国家报告性骚扰的女性员工比例为 30%~40%。

多数被骚扰女性还会出现一些应激反应，包括焦虑、抑郁、头痛、睡眠障碍、体重减轻或恶心、自尊心降低以及性功能障碍。研究人员发现，遭遇职场性骚扰的女性可能更容易遭遇财务压力。与没有遭遇性骚扰的女性相比，她们的工作满意度较低，离职意愿和实际离职率都较高。

美国妇女法律中心的数据显示，性骚扰受害者每年共损失 440 万美元的收入和 97.3 万小时的无薪假期。相比个人经济损失，公司和组织同样会受到负面影响。美国前政府官员珍妮弗·克莱因（Jennifer Klein）在《哈佛商业评论》2020 年 2 月刊上发表的《终结性骚扰文化》一文中指出，每位受到骚扰的员工都会给公司造成约 2.25 万美元的损失，"此外，还有员工流失、诉讼费用和名誉损害等成本。女性退出职场，或职业发展陷入停滞，有时甚至尚未发展就已经停止，对整体经济也是极大的损失"。另外，性骚扰严重或普遍的组织中通常充斥着敌意或恐吓，即便是未受到骚扰的员工也会因有毒的环境而感到压抑和低落，而员工士气低落往往会对公司的生产力产生不利的影响。

因此，不论是对陷入痛苦和职业低谷的性骚扰受害者而言，还是对因性骚扰承担巨大效率和法律风险的企业而言，直面和解决性骚扰问题都是至关重要的。

保持"敏感"不是一件坏事

多国的数据显示，#MeToo 运动后性骚扰指控明显增多，很大一部

她职场 *SHE*
POWER 活出女性光芒

分原因在于，此前性骚扰案件被严重漏报，而非性骚扰者人数突然增加。比如，2016年美国平等就业机会委员会（EEOC）对性骚扰的全面研究显示，估计70%遭受过性骚扰的员工从未正式报告过。

很多女性选择不报案往往是担心受到报复，或者被"标记"为制造麻烦的人或者和性禁忌有联系的人，甚至不少女性在遭遇性骚扰的当下，并不确定自己是否被骚扰了。我们在调研中采访的一些女性会问自己："我是否过于敏感了，以及如果因为自己的敏感而报案，对方是否会遭到'不必要'的惩罚？"

那么，我们该如何界定性骚扰？对性骚扰的一般定义是：不受欢迎的性挑逗、性要求和其他与性有关的口头或身体行为，具体可表现为不适当的身体触摸；侵犯隐私；关于性的笑话；下流或淫秽的评论或手势；暴露身体隐私部位；公开淫秽图像；不受欢迎的性主题电子邮件、短信或电话；性贿赂、强迫和公然的性要求；性偏袒；从性交易中获得好处；因性方面的不合作而失去升职或加薪机会。

休斯敦大学管理学教授莉安·阿特沃特（Leanne Atwater）2018年的研究显示，大多数男性知道什么是性骚扰，大多数女性也知道什么是性骚扰。认为男性不知道自己的行为不好、认为女性小题大做的观点，在很大程度上是不正确的。如果说有什么区别，那就是女性对性骚扰的定义更为宽容。

在判断是不是性骚扰和是否上报以及对性骚扰案件的不同处置之间存在着巨大的灰色地带。当前缺乏完善的防性骚扰的系统，以及具有普适性的问责标准规则，因此是选择"大事化小，小事化无"，还是力戒严惩，更多的是从受害者个人的感受出发。正如我们的调研中一位受访女性所讲："我认为只要是我感受到了有关性暗示的，并且令我觉得不舒服和反感的语言和行为就是性骚扰。其核心不是特定的语言，或是特定行为，而是对方在表达有关性暗示和喜好时'暗示'了我应该放弃在性上的自主权，配合他的喜悦度。"

单方面倾听或更多依赖被骚扰女性的陈述，是否会增加男性遭到不公指控的概率？美国作家兼跨性别研究学家朱莉娅·塞拉诺（Julia Serano）指出，虚假指控很少，仅占性骚扰案件的 2%~8%。与此同时，性骚扰和强奸案类似，从报告到立案取证再到审判，原告指证的难度非常大，而被告最终罪名成立的概率并不高。因此，当人们担忧 #MeToo 等运动产生过度的影响时，我们可以很肯定地说，相较于当前所处的性别平等阶段，这一担忧还为时过早。不少女性主义者甚至认为，男性人人自危，开始有意识地约束自己的言行举止，这有利于创建更文明的、互相尊重的职场环境。

因此，当女性报告性骚扰或曝光多年前未报案的被性骚扰经历（往往缺乏证据）时，我们是要无条件地相信她们的话，还是抱着怀疑态度，认为她们可能只是过于敏感或另有所图？《纽约时报》记者、普利

她职场 SHE
POWER 活出女性光芒

策奖得主乔迪·坎托尔（Jodi Kantor）和梅根·托希（Megan Twohey）在《她说：关于 #MeToo 不为人知的故事》（She Said : Breaking the Sexual Harassment Story That Helped Ignite A Movement）一书中指出，#MeToo 是对时代的考验。这一运动带来的重要转折点是，教育社会不去审判或戴着有色眼镜去看待报告性骚扰的女性，但也并非对她们的话言听计从。社会和组织要达成共识：相信女性意味着认真对待她们所说的话。

消除骚扰，需要所有人的努力

并非所有遇到性骚扰的人都有条件反击，也并非所有公司都会坚决拒绝性骚扰并严格执行零容忍政策。事实上，在各国 #MeToo 等性平等运动爆发以前，实施性骚扰的人往往不会遭到处罚或曝光。即便在这个时代，我们离消除性骚扰仍有很长一段路要走。

第一，从个人层面来看，如果你在职场中遇到了性骚扰，该如何应对呢？由于研究表明，性骚扰本身会造成恐吓和压制的气氛，遭受性骚扰的女性会有和强奸受害者一样的心理——经常自责，怀疑自我价值。因此，首先你要告诉自己，不要认为这是你的错，或者是你自找的。

第二，对性骚扰者说"不"，明确告诉对方你感到被冒犯了，希望对方停止不当言论或行为。如果你没能在当下反应过来自己遭到了性骚扰，也要正式向对方发出警告，防止对方再次冒犯你。在调研中，一位女士这样分享她的经验。

> 其实道貌岸然的伪君子都是自相矛盾的。只要你把对方当君子，对方也很难做出过于龌龊的行为。之前我遇到过一个时常拿酒当借口的咸猪手同事，他常常用"我喝多了，不记得了"来为自己开脱。我的决定就是，既然他不记得，那么他要是敢碰我，我也敢扇他耳光。不论他愿意"记得"还是"不记得"，我都不害怕。
>
> 有关性骚扰的风评，我想说的是任何关系都至少需要"两个人"，如果这样的事情真的发生，或"被发生"了，一定要勇敢地说出来，不论是私下和对方说，还是有机会面对公众说。不回避是最基本的态度。

第三，如果对方仍未停止骚扰行为，或你认为有必要将事件上报，就要记录好事件发生的时间、地点，包括所说的话或所做的事，并妥善保存。可能的话，增加或寻找目击证人。

第四，寻求外部帮助，比如向家人、朋友和同事寻求支持。与其他女同事交谈，了解她们是否被同一个骚扰者冒犯过。

第五，尝试将证据递交上级，并与人力资源部门沟通，正式投诉骚扰者。

第六，如果你的投诉未被受理，甚至遭到了报复，被辞退或降级降薪，你可以收集证据，联系劳动仲裁部门或正式去法院提起诉讼。

我们会发现，个人对于性骚扰的反击到最后取决于组织的支持力度。在性骚扰屡禁不绝，甚至成为常态的组织中，个人的反抗在大多数情况下往往会无疾而终。因此，在对抗性骚扰的问题上，组织责无旁贷。实际上，性骚扰本身就是组织失灵的结果。2018年初，我（刘筱薇）在采访哈佛商学院性别研究部门总监安珂霖女士时谈到了这一话题。她表示："斯坦福大学等机构的研究人员所做的调查表明，如果组织文化鼓励人们展现出强硬，对抗传统男性特质，将'不示弱'定义为权力、权威和成功的领导力，那其实是在鼓励霸凌和高压管控。在这种文化中，上级对下级的性骚扰很难被遏止。"

得克萨斯大学阿灵顿分校领导力和管理学教授詹姆斯·奎克（James Quick）博士同样表示："性骚扰真的与性无关。它与权力、侵犯和操纵有关，是一个滥用权力的问题。"正是因为性骚扰首先是权力关系的一种表现，所以女性成为性骚扰受害者的可能性要大得多——她们往往比男子更缺乏权力，处于更脆弱和不安全的地位，缺乏自信，或在社会化过程中学会了默默忍受。因此，增加女性在领导职位的人数，可以有效地遏制性骚扰。数据也的确显示出在女性领导者多的组织，性骚扰发生的概率会更小。

无论如何，从组织层面上，自上而下地建立并坚决执行对性骚扰的预防和应对机制是最有效的解决方法。比如，公司需要制定明确的政策，规定性骚扰不会被容忍，犯罪者将受到惩罚。但对性骚扰采取严厉的零容忍政策也可能适得其反。比如，在阿特沃特的研究中，男性开始不愿意雇用漂亮的女员工，避免与女同事一对一谈话等，这实际上是对女性职场生存环境的进一步挤压。

因此，相较于以上的传统策略，研究人员发现，更有效的方式是对员工进行性别尊重和品格教育。2019年9月刊登于《哈佛商业评论》上的一篇题为《#MeToo的反作用》（*The #MeToo Backlash*）的文章指出，性别歧视程度高的员工更容易有不良行为，而品格高尚的人则不太可能骚扰别人，并更有可能在别人这么做时进行干预。

最后，在文化层面上，社会观念的进步和公共问责制的建立，对消除性骚扰也起到了关键作用。我们已经看到了#MeToo带来的性别平等转折点和反思热潮。很多曾经有过性骚扰行为的男性在看了女性分享的令人心碎的故事后，表示不会再做出同样的行为。随着公众对性骚扰认知的增加，公司和其他机构会更主动参与到打击性骚扰的事业中去，从而有望降低性骚扰案件数量及其造成的伤害。

性骚扰是女性职业发展的重大障碍之一，但迫使女性裹步不前，甚至离开职场只能让本就处于不利地位的女性更难获得权势，加剧职场权力不平等的同时，又为自上而下的性骚扰创造了环境。因此，要打破这一恶性循环，我们必须从个人、公司组织，乃至整个社会文化层面上共同努力，才能在解决这个问题上取得重大进展。

04

职场中的情绪管理

她职场 SHE
POWER 活出女性光芒

自我调节，不被职场焦虑裹挟

2019年12月1日，澳佳宝研究院及清华大学国际传播研究中心联合发布的《2019中国职业女性心理健康绿皮书》(以下简称《绿皮书》)，对1199名20~59岁的中国职业女性进行了在线问卷调查。

调查结果表明，约85%的职业女性在过去一年中曾出现过焦虑或抑郁的症状，其中约30%的女性"时不时感到焦虑和抑郁"，7%的女性甚至表示自己"总是处于焦虑或抑郁状态"。

结果显示，激烈的职场竞争与工作压力给职业女性带来了诸多身心健康隐患，很多女性处于亚健康状态，睡眠问题尤其严重。

值得注意的是，调查数据显示，随着年龄层的下降，职业女性中出现焦虑或抑郁状态的比例呈明显上升趋势。80后、90后中均约有40%的女性时不时或总是感到焦虑或抑郁。

对于中国职业女性来说，造成心理健康问题的因素多种多样，其中工作压力和职场危机、经济状况和外貌身材是最主要的影响因素。另外，生理期变化、年龄增长、婚恋和家庭状况等问题也影响着职业女性的心理健康。

值得注意的是，年轻一代女性对自己的外貌身材尤为在意。在80后和90后受访者中，超过40%的受访者称会因此感到压力。

就入睡时间来看，熬夜的职业女性相较于早睡一族会产生更多的心理问题。移动电子设备与心理问题之间也存在微妙的关系。调研发现，使用移动电子设备时间越长，越有可能"时不时感到焦虑或抑郁"或"总是处于焦虑或抑郁状态中"。此外，近40%的职业女性认为移动电子设备的使用让她们更加疲惫了，移动电子设备承载的过量信息导致她们产生了压迫感。

怀孕和生育原本是一件幸福的事情，它意味着新生命的到来，也意味着夫妻双方将迈入新的人生阶段。但怀孕和分娩对女性身体的影响以及为其生活带来的变化极有可能影响到女性的心理健康。绝大多数受访者都称曾在备孕、怀孕、产后期间受到情绪低落或者抑郁症状的困扰，其中产后抑郁出现的比例高达 46.3%。在被问及造成孕产期抑郁的成因时，超过半数的职业女性认为最主要的原因是睡眠问题（56.4%）和照顾宝宝太辛苦（50.7%）了。有超过 40% 的职业女性认为，家庭成员不能提供足够的支持是导致她们抑郁的重要因素。

寻找亲朋好友倾诉、购物、睡觉、大吃、健身等自我调节方式最受中国职业女性青睐。俄勒冈州立大学的一个研究人员发现，在家里保持健康的性生活提高了员工的工作满意度和办公室的参与度，强调了工作与生活平衡的价值。"针对已婚雇员的工作和性习惯的研究发现，那些在家里有性行为的人在第二天的工作会更为顺利，他们更可能沉浸在自己的工作中，享受自己的工作生活。"俄勒冈州立大学商学院的副教授基斯·莱维特（Keith Leavitt）说。

不要让嫉妒心蒙蔽双眼

加拿大多伦多约克大学最近公布的一项研究报告指出，"女性善妒"的确有科学根据。该报告指出，女性善妒事实上与其生理期有关。也就是说，女性在每月受精高峰时期最善妒。在受精高峰期内，女性会刻意贬低其他女性的吸引力，以争取自己喜欢的男性。

女性嫉妒心强也有其历史原因。在过去的时代，男性可以三妻四妾，女性的资源、金钱和权利都靠家里的"一家之主"分配，为了分得更多的利益和获得更多的注意力，其他女性自然就成了自己的敌人。《大红灯笼高高挂》这部电影就淋漓尽致地刻画了女性之间因嫉妒而发生的一系列故事。在一个旧中国典型的封建家庭里，一个男子娶了四个女人做太太。四个女人之间充满了争斗，然而这个男的却可以不动声色地让她们互相伤害，他利用女性之间的嫉妒心巩固了自己在家庭里的绝对权威。年轻的女学生颂莲由于家道没落，又不愿意像那些穷苦的女孩子一样选择做工养活自己，于是她选择，嫁给了这个年近50的男子做四姨太。她本来是个清纯的女孩，但一旦进入了这个充满了灰暗色彩的大家庭里，她也在一步步地走向灭亡。大太太满口仁义道德，却是家族冷血规矩的执行人；慈眉善目的二太太是最心狠手辣的算计者；唱戏出身的三太太嫉妒之余又拥有了自己的情人；四太太颂莲从清纯的女学生沦为一个疯女人。四个女人斗得你死我活，然而讽刺的是颂莲疯了以后，老爷又娶了五姨太进门。这也让观影者看完后不胜唏嘘。

在当今的现代社会，女性越来越独立，不再依靠男性提供生产和生活资料，但是有一些惯性思维依然在延续着，限制着女性的发展。很多厌女症患者就是女性。

嫉妒是把双刃剑，用得好的话，可以把嫉妒的对象转变为自己学习的榜样，甚至是自己的盟友，从而让自己变得越来越强、越来越好；如果不能用正确的观念去看待，就会在广阔的天地里选择和一个可能对你的生活、工作一点都不重要的人斗个你死我活，悲剧性地度过一生。因此，当我们妒火中烧的时候，可以问问自己想要的到底是什么。

总而言之，女性在职场存在独特的优势，也有一些不占优势的地方。目前女性领导力研究方面的很多专家倾向于认为在数字化时代，职业女性更具有柔性优势。在工业化时代，组织采用集权化管理，使得注重逻辑、更为理性的男性拥有绝对的优势。而进入数字化时代之后，组织从等级森严的科层制转变为弹性扁平的网状结构，真正的职场优势也随之发生了转变。管理不再只是清晰地发布指令就够了，而是以激活个体活力为主，通过充分倾听和鼓励极大激发员工的潜能。女性擅长人际关系，也能在组织内外创造更多的共生，而非竞争。

或许，属于女性领导力的最好时代已经到来！

别让情绪化成为定时炸弹

《欲望都市》中的萨曼莎自信、果敢、有事业心，被影迷们认为是完美女性的代表，但是一位酒店大亨曾因为她是女性而不把重要的项目交给她去管理。当时，那位大亨说："你仔细听听我的暗示，你最好还是跟一个不那么情绪化的男士一起管理吧。"萨曼莎回答道："如果我是男性，根据我的经验和能力，你早就跟我握手并且把办公室的钥匙交给我了。"

2019 年国际劳工组织发布的一份报告数据显示，目前 A 股上市公司的高管数量共计 7.28 万名，其中女性领导 1.5 万名，仅占 20%，男性则占 80%；女性居弱势地位，不仅人员数量少，所从事的职位也往往是管理层里面不那么重要的位置。这些女性管理者中有 5000 多名为监事会成员。从企业职权的角度看，监事会的地位要弱于董事会以及经营层。

假设两个人的经验水平和专业能力相同，女性被考虑成为企业掌舵人的概率会远小于男性。因为企业认为"容易情绪化"是女性管理者身上的一颗隐形炸弹，一旦女性成为关键掌舵人，未来给企业带来的风险很可能高于她所能创造的价值。

大家的第一印象都是情绪化会带来很多麻烦，但是这种看法并不全面。美国著名精神分析师朱莉·霍兰曾提到，情绪敏感很多时候反而是女性力量的源泉，女性可以通过表达情绪承认自己的复杂性，并给身边的人带来愉悦感，因为她们可以提供高"情绪价值"。

由于对情绪具有更强的敏感度，因此女性的感受更为敏锐，更具有同理心，能更好地观察环境。如果女性管理、运用好自己的情绪，就将具备更强的影响他人的能力。那么，女性如何将自己情绪化的特点转化成能够影响他人的优势能力呢？我们可以从为什么女性容易情绪化、情绪化的破坏力在哪里、如何调节情绪这三个方面来看。

认识"情绪脑"

常见的负面情绪有愤怒、悲伤、恐惧、内疚、失望和焦虑。为什么女性比男性更容易出现情绪波动？

一方面，这是由我们的大脑构造所决定的。脑科学家发现，男性大脑中的白质比女性的要多，而女性大脑中的灰质比男性的要多。灰质主要涉及语言以及情绪性信息的加工。女性的眶额叶皮层体积更大，这样和杏仁核交流更方便。而眶额叶皮层主要负责处理情感方面的信息，它与女性对情绪的感受以及主观评价等有密切的关系。因此，生活中的女性更容易被情绪性事件所感染。

另外，这也是由女性受到的更大的社会压力所决定的。在心理学中，情绪化被解释为是由雌性激素分泌过高导致的。在面对压力时，人体会释放催产素，增加雌激素分泌，从而带来多愁善感等情绪体验。比起男性，当下的社会环境对女性有更多的要求和标准。比如，我们小时候经常听到的批评就是"没有女孩子样"，长大后听到最多的建议就是"女孩子不要太拼了，应该把精力放在家庭上"。一旦我们的成长脱离了常规跑道，就容易受到指责，或者在遇到困难需要支持时换来一句"自作自受"。我们每次做选择都需要承受比男性大得多的心理压力，再加上女性要承担生育责任，所以其个人价值也更容易被剥夺。

04　职场中的情绪管理

▶吴京凡

在成为新手妈妈的第 83 天，吴京凡在浴室里崩溃大哭。当时的她为了当好妈妈，辞去了在 4A 广告公司的工作。之后，她天天连轴转，简直睡不了一个整觉，只能趁孩子睡着了囫囵吞枣扒拉几口饭。

在广告行业的 5 年里，京凡曾参与和见证了众多大牌广告创意的诞生和完成，她有自己独到的审美、高效的执行力，生活光鲜精致、有条

她职场 *SHE*
POWER 活出女性光芒

不紊，但原有的秩序在成为新手妈妈后被彻底打乱了。那段时间，注重自我管理的她体重达到了 74 千克，她没时间收拾自己，摄影爱好更是无暇顾及。

生活乱了套，这让京凡感觉很痛苦。母亲看到了她的痛苦，于是会替她做很多安排，告诉她"你现在应该做什么事情了，你要做这个，不能做那个"。京凡感觉自己像退回到了青春期的小女孩，失去了做决定的自由，身心不能同步，于是常常会忍不住和母亲顶嘴。而母亲因为过于担心她，每天焦虑得睡不好觉，又让京凡内心充满了歉疚。

一天下午，京凡趁孩子睡着了去洗澡，当热水洒下来时，她突然意识到，成为新手妈妈 83 天以来，洗澡是她唯一只为自己做的事情。那一刻，她感觉自己的未来一片迷茫，愧疚、不甘和焦虑化成泪水奔涌而出。

有一种说法是，情绪是以个体愿望和需要为中介的一种心理活动，无论男女，当现实生活和个体愿望不匹配时，都会产生负面情绪。而女性情绪化并不代表女性抗压能力比男性弱，而是社会往往会在女性想要活出自己时放出层层阻碍。

学会示弱，学会求助

其实情绪只是一个中性词，情绪化之所以不受人待见，不是因为善变，而是因为缺乏理性支配。我们每个人都会产生很多情绪，容易产生情绪并不是错，产生情绪后能否用理性支配行为才是关键所在。

王阳（化名）是一位非常优秀的女孩。1993 年出生的她已是一位在业界很有影响力的创业者，她创立了中国本土自生产、自研发的高端橡胶塑形品牌 WAISTMEUP，长期保持销量全国第一。

伴随着销量一起增长的，还有王阳的压力。王阳一度在夹缝中被压得喘不过气，她从零开始创建这个品牌，很多时候都在摸着石头过河，她希望自己能够把一切事务都规范下来，让同事们工作起来可以更加省时高效。但每次出于好意的想法从她嘴里说出来，被她的气场一放大，就变成了强势的命令和质疑。有时候甚至是

▶ 王阳

她职场 *SHE*
POWER 活出女性光芒

关心的话，从她嘴里说出来也变了味。员工遇到困难，她想安慰，心里想的是："你做不好就先把它放一边；如果完成不了，可以求助。"但说出来就简化成了："你做不好就不要做了。"即使面对的是自己的妈妈，她也是如此。有一次她在办公室对着妈妈大声说："工作的时候你就应该只讲工作，不要带感情。"这样的做法并没有得到大家的理解，反而把她自己逼到了夹缝。一方面，母亲觉得委屈，她自己则时常在自责和压力中徘徊；另一方面，员工不会考虑事情的对错，反而觉得她不近人情。

很明显，王阳在高压之下变得很焦虑。因为缺乏安全感，我们整个人很容易变得过度紧张，对身边的事和人会有很强的控制欲，并且缺乏包容性。但是焦虑的时候，我们其实可以有另一个行动方向，就是迅速地采取各种措施，紧急调动各种价值资源，使事情朝着利好的方向发展。

有一次与一位心理咨询师沟通后，王阳也意识到了自己的问题。她一直在硬撑着，从不求助他人，也自动忽略了身边人的需求，结果她自己在承受压力的同时，也让身边的人压力倍增。从那以后，她不再把所有的事情都担在自己身上了，而是给予了团队更多的信任。她学会了示弱，学会了求助。而当她开始这样做的时候，团队会更加理解她，并发挥出更大的能量。

情绪不仅代表着情感及其独特的思想、心理和生理状态，也包含了一系列行动倾向。真正具有破坏力的是负面情绪产生后的行动；所以，管理情绪实际上管理的是负面情绪产生后的表达方式。

保持冷静，确认矛盾双方的需求

体察并调节自己的情绪，学会将情绪转化成影响力，这是我们主要的功课，也是我们的终极武器。那么，当负面情绪产生时，我们要如何进行调节呢？

心理学家马歇尔·洛萨达曾提出了一个洛萨达比例，即积极情绪与消极情绪的最佳配比，简称积极率。他认为3∶1的比例最能引起个体蓬勃发展，而11∶1是积极率的最上限，超过这个上限就难以保持客观冷静了，很容易乐极生悲。管理好自我情绪就是对已有的消极情绪和积极情绪进行调节，使自己的状态保持在最佳水平。具体做法如下：

第一，学会体察自己的情绪，明白自己要什么。日本著名管理学家、经济评论家大前研一指出，管理者应当善于体察自己的情绪。要知道，每一个人都会有情绪，不同的情绪会产生不同的反应和后果。学会体察自己的情绪是情绪管理的基础，只有在正确认知自我情绪的基础上，才能适当地表达情绪。

情绪回溯是觉察自我情绪的基本技巧和方法之一，也就是找到引发情绪波动最原始的因素的过程。在这个过程当中，我们要慢慢去体会个中情绪，并对不同的情绪体验进行领悟和剖析。我们可以通过写情绪日记来做到这一点。

情绪日记与一般的生活日记不同，记录的是自己每天的情绪状况，即每天发生了什么事，你有什么感觉。记录感受的时候，请尽量避免使用模糊的字词，比如"我很难过"，而是要尽量具体地去描述，比如"遗憾""感觉被背叛了"，等等。一方面，你可以通过写情绪日记向自己倾诉；另一方面，你会找到自己的情绪规律，知道哪些表现容易使自己产生消极情绪，哪些做法和言行会让自己当场失控，勃然大怒。当下能辨认自己的情绪，知道自己要什么时，你才能做适当的处理。

第二，找到合适的方式排解消极情绪，比如运动、听音乐或者培养一个爱好。运动能使人体血液中产生一种让人欢快的物质——内啡肽，内啡肽能进一步增强人的心理承受力，从而起到强健心灵的作用。不同的情绪要选择符合这种情绪特点的运动，有针对性地锻炼才能起到事半功倍的效果。

焦虑是以反复出现忧郁不安为特征的一种情绪状态，通常会伴有自主神经功能紊乱的情况，比如心慌、出汗、心跳加速等。在这种状态下，我们最好做一些能让身心舒缓，有助于安静的运动项目，比如慢跑、做瑜伽、游泳；愤怒时，我们可以做一些消耗性的体育运动，如登山、快速跑、打网球、打羽毛球；如果这段时间你感觉有些抑郁，最好选择简单、易于实行的运动，比如跑步，以免过于复杂的运动项目让人难以进入状态，从而对自己产生更多的不满。

人体面对压力时会释放皮质醇，因此维持这种激素的正常水平非常重要。听音乐则是降低皮质醇水平的有效方式。瑞典哥德堡大学进行的一项研究发现，那些在经历一段紧张时期后听音乐的人，与那些在经历紧张时期后不听音乐的人相比，压力得到了更好的缓解。如果你想放松，也许你可以听一些舒缓的古典乐曲；如果你想在体育比赛前给自己打气，那么你最好听一些节奏较快的电子音乐或嘻哈音乐；如果你想发泄怒气，也许你可以听一些重金属音乐。

朱晓伶由于工作压力过大而患上了乳腺癌，后来她为了疏解自己的焦虑，开始学习古琴，希望能够在传统文化的熏陶下静下来，找到平和的状态。当提到给年轻的职业女性提建议时，她也提到女性在生活中应该去找一些能够让自己短暂逃离现实世界、净化心灵的爱好。

第三，休息一会儿，切换一种表达模式。负面情绪的产生往往是因为某种需求没有得到满足，从而放大需求以引起别人的重视。很多人会选择呵斥、争吵等行为，但是每一种负面情绪背后都存在着某种积极的驱动力。

她职场 *SHE*
POWER 活出女性光芒

当高强度的工作让你感觉焦虑时，你可能会因为没有安全感而变得强势，但你也可以选择向外界求助，让情况朝你期待的方向发展；当挫折让你感觉到沮丧时，你可能会因为对自己感到失望而开始缩手缩脚，但你也可以对自己的思考、行为习惯和生活方式进行适当的调整，以使自己适应环境的变化；当合作伙伴让你感觉愤怒时，你可能想破口大骂，但你也可以借此冲突了解对方的底线，从而找到劝服对方的切入点。

我（邱玉梅）的合伙人李樵是在国外长大的，性格非常直爽，而我则来自一个小城市。不同的背景和经历让我们常常对同一件事情抱有不同的看法，但是我们会非常默契地选择同一种方法来解决矛盾。每当我们情绪激动的时候，我们都会站起来，先换个场所，比如吃个午饭或者喝杯咖啡让自己冷静下来，然后再主动去安抚对方，重新确认彼此的需求。

心理学家丹尼尔·戈尔曼在其风靡世界的《情商》一书中指出，促使一个人成功的要素中，智商只占20%，而情商则占到了80%。所谓情商就是运用情感能力影响生活和人生的关键因素，由三种可以学习的能力组成，即了解自己情绪的能力、控制自己情绪的能力和激发情绪的能力。由于对情绪具有更高的敏感度，因此女性在情商训练中有着独特的优势。

04 职场中的情绪管理

有傲气，也能包容

相较于男性，中国女性总是倾向于收敛锋芒，就算自认为还不错，也会将那份自信藏匿于浅淡的微笑里，展现出谦逊优雅的样子。很少有女性会大胆地展现出自己"确实很优秀"的一面，以实际行动表达出"我就是很牛"的傲态来。刘海岩却是一个特例，她直言敢行，气场强大。她敢于表达，敢于"得罪"人，敢公开展现个人生活的高品位。

▼刘海岩

如果你以为她是温室里长大的富家大小姐，只会傲娇地当个小公主，那就错了！事实上，刘海岩还是一位霸气的事业型女性。她是那个始终坦然面对自己、不惧外界风雨的刘海岩。在政府机构工作 7 年后，刘海岩选择成为日企富士中国食品公司的第一号员工。她从零开始一手打造了富士中国的食

她职场 SHE POWER 活出女性光芒

品帝国，创造了高达 6 万吨的年销量；她也曾力挽狂澜，签下单笔高达约 5800 万元的销售合同，让连续亏损 10 年、累积亏损 1.4 亿元的大塚集团在短短半年内就实现了盈利。

最初，刘海岩军人出身的父亲知道她放弃铁饭碗去日企打工的决定后，气得整整 6 个月没和她说话，这是她从来没有碰到过的事情。那时的刘海岩根本想不通父亲为什么会那样对她。直到很多年后，刘海岩经历了岁月历练和人生角色的转换，才渐渐懂得了父爱的深沉。

"他不和我说话，主要是因为心疼我。他觉得我选择的路会很难走，会让我的人生变得曲折，是自讨苦吃。他希望我可以顺顺利利地长大，顺顺利利地去过我的人生；但他又不想强迫我做什么事情，不知道该如何向我表达，所以选择了沉默。"她说道。

但当时，刘海岩并没有跟父亲哭闹，也没有跟父亲决裂。她当时只有一个念头："我要证明给爸爸看，我不是像他想的那样，只能生活在温室里。我要让他看到，我可以做成很多事情，我的选择是对的。"

为了尽快打开中国的销售市场，刘海岩当时是以 3 天一场展会，即 3 天一个城市的速度去推进的。每场展会都是早上 8：30 开始的，这意味着场地的搭建和准备要在前一天晚上开始，一般要持续到当天的凌晨 3 点才能结束。这样去做推广的时候，差不多一周都睡不了觉。

刘海岩觉得这没什么，她一旦工作起来，就会自然而然地提起一股"气"，和平时生活中的她判若两人。她能始终保持着极佳的精神状态，严格遵守自己设立的每一条规则，由内而外地散发出一种不容置疑的气场，其实这就是积极的情绪力量的一种外在展现。

"在我的观念里，工作一定要做好，要做到极致。如果是我选择要做的事情，那我就要从0做到100。"她说道。

为日企富士和大塚工作多年，证明了自己的能力和价值之后，刘海岩给自己放了一个长假，待在自己心爱的位于德国南部的酒庄内品酒、骑马、打高尔夫球……

她想要分享这种美好，便主动与酒庄老板攀谈，希望以FT（馥海特）合伙人的身份，带领这座拥有500年历史的酒庄，开拓国际新市场，将酒庄产品带到德国以外的地方。起初，老板并不愿意，但架不住刘海岩的执着以及高超的说服技术，便同意与她合作。

现在，刘海岩负责的区域为英国和亚洲市场，团队规模一下子小了很多。人数最多的上海团队也不过几十个人。但这一次，她却觉得上帝为她打开了一扇窗。她说："一家企业不一定要做到多大，但是我们要把我们的事业、我们的品牌做得有品质，让员工的生活也有品质，让他们在家人心目中每一年都有进步和变化。"

刘海岩也学会了包容，不再像年轻时那般风格强硬了。她认为："包容力有两个方面，一方面，我有责任培养和打磨员工，让他们有机会和我共同成长；另一方面，不能单纯觉得'我是为了你好'，就强迫他们按我的意愿行事，也要理解他们偶尔想躺平的行为。"

给予充分的自由和尊重，才能让员工真正快乐地投入工作。而FT（馥海特）也在这种充满幸福感的氛围里逐渐发展壮大。

刘海岩是非常智慧的女性，她知道什么时候要自己给自己打气，什么时候该展现气场，什么时候应该调动情绪击败对手，什么时候又该展现出亲和力、温柔和包容心，获得团队的支持……

飞马旅CEO钱倩说过："高智商的人自己做事情，高情商的人则善于调动别人做事情。女性领导力的关键在于，让别人不只心甘情愿地去干活，更要兴高采烈地去干活。"

根据毕马威公司发布的一项研究，在新冠肺炎疫情期间，大多数女性高管的管理职责范围发生了变化或扩大了。53%的受访者认为，这是因为她们公司的文化在新冠肺炎疫情期间发生了变化，开始重新注重灵活性、个人健康和团队包容性。

"千人同心，则得千人之力；万人异心，则无一人之用。"当危机来临时,保持人员间的联系和积极互动,营造参与、共享的团队氛围将成为领导者的核心能力之一。由清华大学经管学院中国企业发展与并购重组研究中心在联合发布的《新冠肺炎疫情对我国大中型企业影响调研报告》中指出,企业在采取应对挑战的措施时,大多将关心员工、防止懈怠作为首选。相较于男性,女性领导者具有较高的情绪敏感度,更加注重员工的心理需求。女性领导者善于沟通,这在很大程度上迎合了企业在危机面前仍然想要拥有强劲的发展动力的需求。

由于两性大脑的构造不同,女性确实比男性更容易产生情绪波动,但在这个"黑天鹅事件"频发、调动员工创造性成为企业主要战略的时代,这也可以成为女性的优势之一。随着更加自我、更加注重情绪感受的 95 后、00 后逐渐成为职场主角,与员工共情,让他们心甘情愿地为企业创造价值,也将成为未来领导者的核心能力之一。

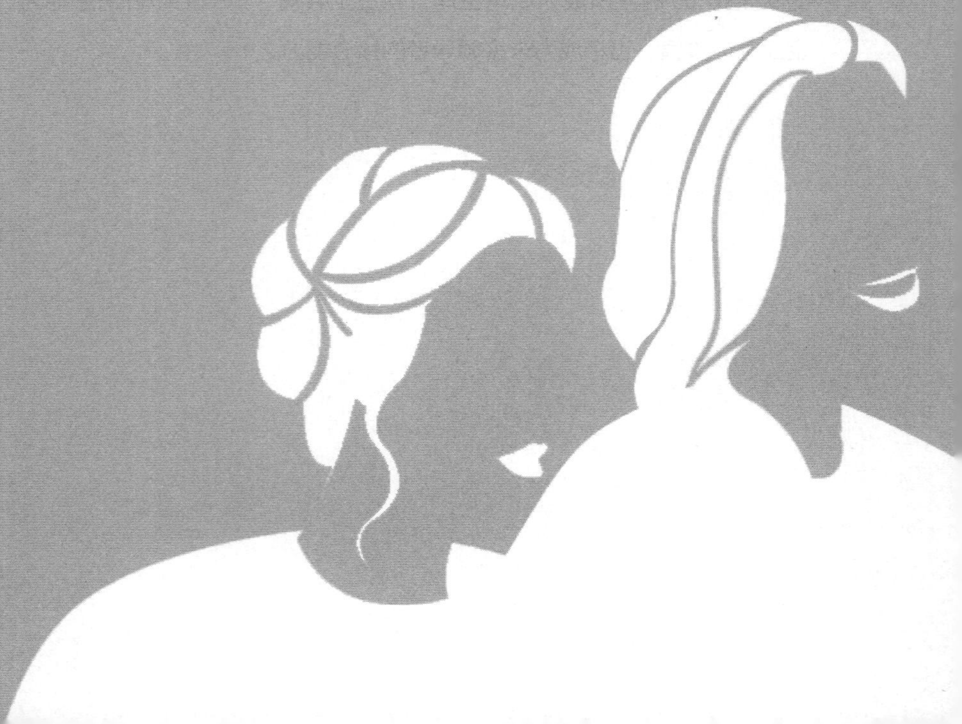

05

重新定义职业女性的成功

她职场 *SHE*
POWER 活出女性光芒

2020年年初，我（邱玉梅）带着一份写满多个行业中知名职业女性的名单，兴冲冲地找到了上司明明姐（化名）。我给她解释了自己想写的人物，比如，硅谷的谢丽尔·桑德伯格、玛丽莎·梅耶尔，最年轻诺奖得主马拉拉，中国的孙亚芳等，以及如何用她们的事例来讲述女性领导力这个话题。明明姐看了看标着"成功职业女性"的名单，说道："我想女性的成功不止一种，可能是获得声誉、地位、金钱的人，也可能是非世俗意义的达成自我实现的人；她们可能是名人，也可能就是我们身边的人。"

她的这几句话改变了我的整个叙事结构，特别是对职业成功的定义。我开始扩大样本范围，并聚焦于新的成功职业女性群体，即拥有经济主动权和独立性，个性鲜明、饱满的女性。在几位朋友的帮助下，我接触到了这些极具想法和个性的女性，并了解到她们对于职业乃至人生目标的野心和挣扎、坚定与彷徨……

虽然她们有着截然不同的追求和职业路径，但我看到了一个明显的共同点：以反思和探索自我为生命的终极目标，而非接受既定的社会和家庭角色。在她们身上，我看到了自我觉醒，以及在传统结构下坚持自我的代价。正如其中一位受访女性所说："你要永远相信自己：如果你还没有实现你最想要的生活，那么你的人生就还没有开始。"

跳出框架，探索职业的可能性

我的朋友西山美穗从小在中国长大，中学以后到日本读书并工作，是中文日语都极其流利的 85 后双语言者。在两种不同文化中成长的经历让美穗对于很多单一文化中约定俗成的社会现象，都会有审慎接纳或者质疑拒绝的倾向。

"日本的社会体系否定个人的想法。每个人的成功轨迹都是规定好的，就是从小学、中学到大学都读哪些名校，学什么专业，然后去对应的公司，等等。如果你不在既定的轨道上，就会被歧视，即便你获得了财富，或者潜能无限、颇具个性，也得不到尊重。"美穗说道。

美穗选择了跳出框架，按照自己的意愿和偏好来发展。中学毕业后，本是理科生的她发现了自己对文科类专业很感兴趣，于是用一年的时间打工赚补习费，最终考上了她喜欢的专业。毕业后，她先后去了两家典型的日本本土企业，再次感受到自己与压抑个性的公司文化格格不

她职场 SHE POWER 活出女性光芒

入。她说:"我想在工作中找到活着的意义,但是在等级制严格的公司系统里,个人价值无法得到肯定,只需要按照既有流程或上级的指令办事就可以了。没有人关注你的内心想法和追求,我感觉自己只是一颗毫无感情的螺丝钉。'这样下去不对劲啊',我当时心里想着。因此,工作一年后,我去了一直以来都比较向往的美国。"

2020年新冠肺炎疫情接连爆发,全球许多国家陷入了混乱,而这一年恰恰是美穗结束两年半美国进修的时间。由于美国当时的疫情形势严峻,因此美穗毕业后就回到了日本,开始了新的职业探索。

美穗告诉我:"在美国学习经济学的这段时间里,我对组织管理有了更多的认识。我想未来的工作会以个人为中心,而非围绕组织展开。以个人为中心会让市场更细分,而这种细分化会超越任何一个组织。"因此,美穗选择了当一名自由职业者,目前在线上学习平台 Amazing

▼西山美穗

Talker 提供日语教学服务，已经积累了稳定的学生群并获得了大量的积极反馈。

当被问及以后是否还会进入企业，从事朝九晚五的工作时，美穗坚决地否定了。她说："我不想被组织束缚住，组织只能让人越来越保守，失去创造力和主动性。"但是脱离实体组织后，她和社会的接触会不会变少呢？她笑着说："当然不会了，数字化反而让我和我的学生沟通起来更容易了，我们的沟通很直接，不会有任何遮掩。而在线下，我有更多的时间去参加我想参加的会，接触我想接触的人了。朝九晚五是将生活收窄了，而我现在打开了更多接触外界的空间。"

全球范围内，正有越来越多的人开始脱离商业组织，参与到由数字平台主导的"零工经济"中，成为拥有更多自主权和自由时间的自雇人士。研究机构 Intuit 和 Emergent Research 的研究结果显示，2017 年，在欧洲的 14 个国家中，已经有 9.7% 的成年人参与到零工经济中，而 2020 年英国的这一数字约为 1100 万人。在中国，国家信息中心分享经济研究中心、中国互联网协会分享经济工作委员会联合发布的《2018 中国共享经济发展年度报告》显示，2017 年，零工经济平台的企业员工数约为 716 万人，占城镇新增就业人数的 9.7%。阿里研究院报告显示，到 2036 年中国从事零工经济的自由职业者可能达到 4 亿人。

零工经济在各个领域的发展已经势不可挡，并深刻改变着传统雇佣模式。一方面，有评论家指出，零工经济只会让有专业技能的人才受益，低技能工人只会处于更不利的雇佣关系中：工资不稳定、缺乏保障、福利不足、发展有限。但另一方面，零工模式的确为需要弹性工作时间的人提供了另一种职业选择，比如，全职母亲、数字游牧民、处在职业空窗期的人等。

哈佛大学的研究显示，过去10年中，从事零工经济的女性人数已经超过了男性，特别是由母亲转变为自由职业者的人数从2008年到2016年上涨了79%。自由职业帮助职业女性在育儿和照料家人期间不再与社会脱节。而为留住难以平衡个人生活和事业的高潜人才，企业本身也在向更敏捷灵活的组织形式转型。

沃达丰2016年的研究发现，全球75%的企业已经引进了弹性工作政策。随着传统组织和公司硬性制度的瓦解，特别是在疫情冲击下，零工经济模式有望成为越来越普遍的工作模式并逐渐得到完善，方便所有人（不仅仅是女性）以个人方式与社会产生更丰富、有机的连接，并获得报酬、保障、相对自由的时间和自主挑选的工作。正如美穗所说："我们更像新世界的人群，未来社会会逐渐向我们倾斜，而不是由我们来适应社会。"以下是几位女性自由职业者的真实就业案例。

不做无谓比较，适合自己就好

黄怡轶是一位典型的当代年轻人，她习惯中午时分起床，很少与真人沟通，每日遛狗健身，喜欢看哔哩哔哩网站和日本动漫，又经常工作到深夜……她喜欢这种由自己把控时间，并且不用跟人打交道的工作方式。"我的性格本身适合做自由职业者，我也很庆幸之前建立的自由职业状态，让我在当前这么脆弱的疫情经济中还能继续有收入，也不用冒着被感染的风险出门。"

黄怡轶毕业于北京外国语大学日语专业，其实刚毕业时她并没有从事自由职业的意愿。像其他喜欢看日剧的年轻人一样，她曾憧憬在大城

▲黄怡轶

她职场 *SHE*
POWER 活出女性光芒

市当办公室女郎——去国贸或者西单金融街的华丽写字楼办公，自己租一所小公寓，有《东京爱情故事》中的邂逅……但从事第一份工作后的三个月，这种幻想就被现实冲击得烟消云散了。

"刚出学校时，我还没有社会经验，所以我想还是应该去企业工作一段时间，学习一下商业流程。再加上我学的是语言专业，相当于没有专业技能，所以和其他学语言的同学一样，我找工作的战略也是到四大、快消类公司、广告公司等对专业没有特殊要求的大公司刷一下简历，然后选一个自己感兴趣的行业。至于未来要在哪个专业达到一个怎样的高度，这些我并没有规划过，也还没有自己的思考。"她说。

于是，黄怡轶进了一家日本广告公司，她最初以为能在工作中获得经验和技能，最后发现这些在现实中完全学习不到。在初级岗位上，她并没有学到广告策略和技巧方面的知识，反而将 90% 的时间都用在处理细小琐碎的事物上了。每天早上 9 点到公司打卡，晚上开完电话会议可能就到了凌晨两三点。因为新人要写会议记录，所以她要写到凌晨 4 点，然后早上再去打卡，进入了一个恶劣的工作作息循环。她感觉这样是不能持久的，于是下决心摆脱这种流水线上拧螺丝钉般的机械生活，也不想再体验拿死工资，还要看人脸色，低声下气做事的工作方式了。

上班一年后，黄怡轶果断裸辞，回到了家乡深圳，开始尝试自由职业。"我疯狂地投简历给各种翻译公司，获得这些中介派发的外包任务。

我还会到微博等社交平台上寻找机会，或者接同行推荐过来的翻译任务。最开始总是比较困难，因为我在慢慢建立和适应新的工作模式，接单往往不稳定，客户对我了解不多，沟通流程也难免有漏洞。这段时间是我最迷茫焦虑的时候，因为不知道下一个客户从哪里来。我在2013年和2014年这段从事自由职业的时间里，曾试过一个月只有几百块收入的生活，而深圳的月平均工资大约是每月7000元。有时候甚至会想，'要不回去上班吧。'"

但是焦虑和再去坐班的念头往往在下一个订单到来时就消失了。就这样坚持了两年后，黄怡轶对自由职业有了熟悉感和安全感，也有了底气来回应家人的质疑。她笑着说："家里人一直在催我找工作。他们总是觉得去公司上班稳定，年轻人不能只工作一年，就待在家里。他们会说，'你不能这样过一辈子呀。'我大概用了一年多的时间才得到他们的认可。"

虽然经济收入开始稳定，但是自由职业的瓶颈随之而来。黄怡轶开始觉得接到的翻译任务太过千篇一律了，失去了成长空间，于是她再次进入企业——在国内某互联网大厂做了两年高压、高强度的对日合作沟通的工作，并且有了一些积蓄，于是她在2018年再次回到了自由职业的状态。"这次回归我会更安心一些，因为有了一定的经济基础，包括和甲方打交道的经验也更丰富了，不会像第一次从事自由职业时还会为饥一顿饱一顿的状态担忧。更重要的是，我已经知道最糟糕的情形是什么样的了，所以再糟也不会糟到哪里去。现在我还能接一些配音、书籍翻译、游戏翻译这样的任务，收获了上班时没有过的成就感和新鲜感。未来5年，我可能还会保持目前的状态。"

"你有没有想过你的职业方向和大多数同龄人并不太一样？"我问道。"有啊，特别是第一次辞职后，我感到很不安，为什么其他人能朝九晚五、加班、处理人际关系，我却不能，是我自己有问题吗？但是从事自由职业两年后，我也逐渐成熟了，就不再做这种无谓的比较了。每个人都来自不同的背景，当然有各自适合的工作和生活方式。我就是这样，干吗要和别人一样呢？"她回答道。

从"心"出发，突出重围

京凡是英语语言文学系的高才生，毕业后即进入4A广告公司。在达彼思公司任职一年多后，又到灵智精实公司工作了两年多，然后转入智威汤逊公司，担任了将近两年的客户执行。有着5年光鲜工作履历的她在同事和外人眼里都是符合世俗定义的高潜女性。"进入外企、当上高管，然后乘风破浪走上世界顶端，这是我原先对自己职业生涯的规划。"她说。

但是到了28岁后，她身上"叛逆"的一面开始显现。她说："我和很多女性聊过，发现她们生命的转折点出现都在28岁。因为每个人到了这个年纪，大概都有过几年工作经历，然后就会思考我要成为谁、我要去哪里这些触及灵魂的问题。我当时经历了这种心态的变化。虽然在全球排名前三的广告公司里，团队和客户都很认可我，本可以在职业阶梯上再往上攀爬，但是我内心总有种声音告诉自己，'这件事我能做，别人也能做。那我个人的优势到底在哪里？我真正想做的事业是什么？'"在这种拷问下，京凡逐渐有了新的想法和决心——不再随波逐流，而是要找到一个真正愿意为之奋斗终生的方向。

28岁的京凡也正好成了母亲，这种转型让她的价值观经历了剧烈的撕裂和重新组合。"生完小孩后，我辞了工作，当了全职妈妈，但没想到当全职妈妈居然比做广告还忙。"京凡说道，她没有时间休息，每天都在为照顾孩子操劳，逐渐失去了自我的意识。直到有一天她发现，洗澡竟成了她唯一只为自己做的事情，就在那一刻，她终于崩溃大哭起来。

为了缓解精神上的紧张和忧虑，京凡开始主动寻求帮助。"我当时有个大学老师从事教练工作，通过和他的深度交谈，我看到了自己痛苦的症结所在——失去了对生命的主动权。我的母亲在我身上倾注了所有的爱，但这份爱太沉重了，她总是习惯告诉我该怎么做，比如'生完孩子赶快回到职业轨道''你要这样照顾孩子'。这让我感到焦虑和愤怒，但与此同时，我又对我的孩子重复了同样的错误。"京凡说。

于是，她开始有意识地建立自我边界，逐渐让母亲明白，自己已经是成年人了，不是处处要听从她的小女孩。她告诉母亲："我们是母女关系，也是成人跟成人的关系。在这个家，我是女主人，您是女主人的母亲。"与此同时，她认识到孩子和父母的关系终究要走向分离，并说道："总有一天孩子会不再需要你，那时你还知不知道自己需要什么？""我开始规定每天有多长时间要离开孩子，而不是寸步不离地照顾她。这一点雷打不动，不管孩子是否哭闹或者是否有其他事情。从一两个小时到现在整整一天的时间，我规定了只属于自己的时间，状态也越来越好，不会再变成'绝望主妇'了。"

人生教练帮助京凡"突出重围"，而在此期间，她也对教练行业产生了浓厚的兴趣，还发现了自己在这方面的天赋。"老师觉得我的观察力好于很多同期在学这个技术的人，所以他建议我也试做一下教练，然后我就一发不可收拾，迷恋上了这个职业。"

"我现在主要面向 30~35 岁的女性，提供独立的人生教练服务。我之所以选择这个小众市场，部分原因也是从自己的经验出发——女性到了这一阶段，往往会进入婚姻或生育，或开始思考人生的意义，所以需要重塑自己与爱人、父母、孩子的关系。对于这些人性的考验或重创，如果她们能获得支持，就可能凤凰涅槃，否则也许就会一蹶不振了。在帮助她们重新梳理关系的过程中，我自己也在获得了滋养。我在改变对方的心智模式，把我的思考灌输给她，从而促进她进行转变。这其实和广告业有相通之处,都是在改变人的心智模式,只不过广告面向的是消费者群体,而教练面向的是真实个体。"京凡总结道。当被问到相对于驾轻就熟的广告业,她义无反顾地选择进入教练行业的决心来自哪里时,京凡自豪地说:"我对现在的职业很满意的一点是,它和我本人高度契合。虽然之前我在广告业做得特别好,但是我发现我表现出的特质更多的是职位本身需要的状态,比如讲究逻辑、理性、掌控、以目标为导向等,但是我的潜在自我有不一样的能量,比如私密聆听、同理心等。在广告圈子里,我实际上抛弃了原本真实的潜在自我,而去扮演了符合社会要求和期待的角色。但将自己的兴趣转变成谋生手段并非易事,特别是进入一个新领域时,刚开始都会对不确定性和未知产生恐惧。比如,从事这项自由职业的初期收入较低,因为你还在积累客户。有时候我也会质疑自己能不能坚持下去,比如,我本可以去当甲方,为什么还要为了考国际教练联合会(ICF)的国际认证书,重新学习一套新理论呢?但是因为你懂得人性了,所以面对恐惧和怀疑会更坦然一些,会给自己慢下来重新适应的时间。说到底,如果你了解自己真正的爱好,就会义无反顾地将宝贵的时间放在让自己饱含深情的事业上。"

在向自由职业转型的初期,新人要提前准备好应对不稳定收入的压力。对此,京凡说:"我们家的情况是,我和先生在事业上互补。他从事律师职业,可能最初执业的几年经济压力比较大,但越往后收入增长越快。我一毕业就去了外企,肯定薪酬比较高,所以那几年大部分生活费用由我来承担。等到他变成担负家计的人后,我就开始探寻自己喜欢的职业，而不再只是为了钱而工作——这一点也是受到了他的启发。律师是我先生愿意为之奋斗一生的职业，我想他已经熬出来了，接下来我也要为自己的梦想而奋斗了。"

谈到对自己未来发展的期待，京凡笃定地说："我的性格很适合教练这一行，所以肯定做得比别人好。现在客户和收入都已经稳定下来了，下一年我可能要开始构建商业模式了。教练和医生、律师一样，都是资历越久，价值越高。而且我们没有退休年龄，有的老师 90 多岁了还在全球为企业做咨询或者开工作坊。因此，相比过去我对自己的职业规划，我更喜欢现在选择的这条路线——更有延展性，更丰富和自由。"

在反思和探索中，找到真正的自我

袁雁是一位工科博士，在武汉大学执教。早在 2003 年博士毕业后，她就与先生一起创建了一家室内设计公司，受益于当时蓬勃发展的市场，目前已实现财务自由。她和先生育有一双儿女，在外人眼里，他们无疑是幸福美满的一家。

"我的生活在外人看来是顺风顺水的，似乎我真的没有什么烦恼。但如果一个人很被动地去扮演别人需要你扮演的角色，那你并不会快乐。读大学时，我的专业是父母选的，我父亲就是大学老师，我在大学校园里长大。博士也是在父母的期待下，顺理成章地读了下来。开公司是为了家庭生计,而且每天都过得鸡飞蛋打,总是急着忙完眼前的工作,完全没有时间思考我为什么要这么做,或这究竟是不是我想要做的。"袁雁接着说,"生了大女儿后,生活更加忙乱了,我的睡眠严重不足,几乎患上了抑郁症。那个时候我们的生活在别人眼中样样都好,但是我和先生的关系却紧张到了极点,一直无法好好沟通情绪方面的问题。我强烈感觉到自己困在了妻子、妈妈的角色里,并且非常想逃离,

▶ 袁雁

她职场 SHE POWER 活出女性光芒

因为我总觉得我还没有真正为自己活过。"

为了寻找自我和修复家庭关系,袁雁逐渐退出公司的经营,并开始学习心理学,之后接触到了教练职业。"从技术方面讲,心理咨询更看重疗愈,但教练的原则是,每个人都有解决问题的能力。教练的工作是发掘客户的潜能,与客户一起通关,目标是在这一过程中成就彼此,而不是单向承接负能量。我一接触到教练,就明白这是我想要从事的职业。学习教练首先受益的就是我自己,我学会了改变自己和换位思考,能了解家人的感受和表达爱的方式,因此和家人的关系越来越好。另外,我从这份工作中获得了很大的自由,因为我不需要坐班,可以灵活安排工作时间,再加上业务本身就是我喜欢的方向,所以不会觉得累。我现在 45 岁,到了这个年纪,时间是最重要的,生活需要慢下来。我现在每个月工作 20 个小时,其他时间会去陪伴孩子,或去喝茶、插花,等等。"她说道。

作为教练行业的翘楚,袁雁在不到 4 年的时间里就已经积累了大量的客户,每小时教练费用上千,并已帮助超过 100 对夫妻重新创建了婚姻里的亲密感。在总结自己在自由职业方面的成功经验时,她这样说道:"首先是多参加行业活动,找到自己的圈子,通过与同行交流,不断提升自己的技能。另外,不能等着客户来找你,要懂得利用不同平台或同行组织去认识潜在客户。最重要的是,在完成最初客户和口碑的积累后,要开始积极主动地建立个人 IP,明确自身身份和信念,把自己当成品牌来经营，这样客户和机会就会主动来找你。"

但是成功并非一蹴而就。"我最开始也受挫了。我还记得第一位客户在第一次教练后就拉黑了我。"她笑着说，"几年前做直播的时候，还遇到没人反馈的窘况，那个时候我真的会怀疑自己。我能坚持下来，还是靠信念：相信眼前的失意不会是职业的终点。通过一次次教练，我的技巧熟练度和执行效果不断提升。当修炼到新的阶段时，还会有更大的困难，那么我们就要继续通关。正如我的一位老师所讲，'所有来到你面前的人都是你能够应付的；你应付不了的人，暂时还不会来。'"

勇敢点，在创业中成就自我

2006 年，孟加拉国银行家穆罕默德·尤努斯（Muhammad Yunus）及其创建的格莱珉银行（Grameen Bank）共同获得了诺贝尔和平奖。颁奖致辞是："持久的和平，只有在大量人口找到摆脱贫困的方法后才成为可能，尤努斯创设的小额贷款正是这样一种方法。"

尤努斯来自孟加拉国吉大港一个富有的穆斯林家庭并在美国获得了博士学位。1971 年孟加拉国独立后，他回到家乡并进入高校执教。1974 年，孟加拉国爆发了饥荒，尤努斯对最底层民众的处境深怀同情。为了帮助贫穷饥饿的人们，两年后他创建了格莱珉银行，史无前例地向穷人提供不需要抵押物的小额贷款（尤努斯又被称为"小额贷款之父"），帮助他们创业，摆脱贫困。更重要的是，尤努斯将目光锁定在了贫困农民妇女身上，因为她们贷款的动机单纯是为了创业（家庭手工小作坊），所以借贷金额低，而几十美元就足以改善她们一家人的生活。

"相较于男性，女性更可能用借来的钱购买必要物品，比如食物以及奶牛、禽类、种子等可以从中获利的畜牧农资。"尤努斯在接受采访时表示。在格莱珉银行创建之前，孟加拉国商业银行98%的放款对象为男性。截至2017年，格莱珉银行的借款人中97%是女性，还款率高达99.6%，远高于其他更富有和更有权力的借款人。

"最开始，女性对接受贷款感到犹豫不决。她们说，'我从来没碰过钱。你去问我丈夫吧，他知道怎么用钱。'我就跟她们解释这笔贷款可以怎么帮到她们的家庭。我和同事不得不努力先和女性建立信任关系，她们才接受了贷款。6年后，我们看到了惊人的效果。相比男性，女性用同样的钱给了家庭更大的支持。她们学会了怎样管理少量资源。她们还有长远的眼光，知道如何摆脱贫困，并坚决执行自己的计划。"尤努斯说道。

致力于投资女性的梅琳达·盖茨在印度得到了一样的结论。盖茨基金会资助印度乡村女性自我创业，并用收入改善家人生活，送孩子上学，减少了贫穷的代际传递。更重要的是，带来收入的女性在家庭中的话语权也在提升，对促进性别平等意义重大。她强调，"人类必须意识到，女性赋权与社会的健康繁荣息息相关……要实现人类的进步，就必须从培植女性的力量做起。在对所有人的投资当中，投资女性是最全面、最广泛、回报率最高的一种"。

但在发展中国家，将资金投入女性创建的公司和生意中，仍面临着重重障碍。从全球来看，在仍是男性主导的创业领域（比如美国数据显示，只有 36% 的美国公司女性约占劳动力的一半），女性创业者面临的最大困难之一是获得资本的机会远低于男性。如果女性拥有可支配的资金或社会资本，那么女性创业并取得成功的可能性更大。但目前女性名下的小企业在融资方面存在 3000 亿美元的缺口。70% 以上的女性拥有的中小型企业不能充分获得或无法获得金融服务。研究显示，在获得融资等方面存在的巨大挑战导致女性企业家在创业时相较于男性更保守，更不自信。

尽管结构性障碍仍然存在，但随着世界范围内女性事业的进步，越来越多的女性开始创业。《2018—2019 年全球创业观察报告》显示，女性创业率为 10.2%，相当于男性创业率的 3/4，较前一年增加了 1%。对比 2014 年到 2016 年的变化，全球女性创业率已经增长了 10%。就中国而言，亿欧公司发布的《2019 中国女性创业者 30 人报告》中提到，根据 20 世纪 80 年代的数据，女性企业家仅占企业家总人数的 10%；而到了 21 世纪初，女性企业家所占比例已经翻番，达 25% 左右。

她职场 *SHE*
POWER 活出女性光芒

女性创业能够对家庭和社区的经济福祉做出重要的贡献，但正如梅琳达·盖茨所说，创业成功需要资源和群体的支持。我们要将成功的女性创业者当作楷模宣传，利用她们的事例鼓励更多女性创业并让这些女性彼此建立联系，起到号召和鼓励彼此的作用。因此，出于这一目的，我们采访了几位创业女性，以下为采访内容节选。

先做人，再做事

董家渝的英文名是 Dodo（渡渡鸟）。渡渡鸟是北美特有的一种史前鸟，外貌特点为短腿、长嘴、七彩羽毛。"当时给我取这个名字的老师说，他觉得我和这种鸟的感觉很像，华丽的外表下有颗真诚的赤子心。"董家渝说道。

董家渝的故事同样始于北美。刚刚在国内读完大一后，她就踏上了去加拿大当交换生的求学之路。她告诉我："那个时候我是第一次真正出门，最大的目的是想学好语言，感受不同的文化和生活。去了之后，那里的人就给我上了第一课。所有人跟我聊天时都会问，'你来我们这里做什么？未来你想从事什么工作，想成为怎样的人？'这对我这个才经历过高考和大一生活、三观还没有真正形成的孩子来说，简直是灵魂拷问。后来我才发现，他们所有人对社会或自我都有自己的认知，不论对错、好坏和深浅。基于这种认知，他们还会为自己制定明确的目标。"

▲董家渝

"北美大学对交换生设有陪伴制，带我的学长当时已经快 30 岁了。他去了很多国家，尝试过不同的工作，中间会回到学校根据自己的新体验选课、修学分。我第一次知道 30 岁的人还可以读大学，这对习惯于按部就班的我来说是极大的冲击。从他们身上，我学会了主动去探索新领域，大胆尝试，并建立自己对世界的认知和目标感。"她说。

这段留学经历激发了董家渝的生命潜能："我比较不安分，总是想接触更多的人，尝试更多的事情，看看自己还能做什么。"董家渝在毕业后，果断放弃了实习时的那家事业单位比较轻松稳定的工作，跟随上司加入了一家互联网媒体。"2011 年— 2012 年的时候，移动互联网正在

她职场 SHE POWER 活出女性光芒

兴起。我们做了电子图书的 App，尝试以订阅付费形式打开市场，但可能在当时太超前了，中国消费者不太买单，所以效果并不好，"她接着说，"可我还是看好移动互联网的未来发展趋势。到了 2014 年，我就在想，中国网民会为什么付费呢？那可能就是现在所谓的电商吧。我本人也对手机 App 购物十分着迷，很想从事这种在信息差中赚钱并分享购物快乐的工作。正巧一位和我关系很好的大学学姐正在做投资人，听说某知名跨境电商正在组建团队，打造海外买手平台，所以就把我推荐了过去。和创始人聊过之后，我就心动了。我想这是我们 85 后抓住未来的最后一波机遇了，就毫不犹豫地加入了这个创业队伍。"

在做跨境电商的 3 年中，董家渝所在的海淘团队从 4 个人慢慢扩大到了近 200 个人。她说："几乎每一个人我都叫得出名字，其中一半员工我都面试过。"她带领散落在世界各地的买手跑通了自己的商业逻辑，实现了每月盈利上千万。"买手制定向更精准，而且展示的往往是高品质的小众精品，而非面膜、口红等标品。这也是我对平台的要求：不仅是展现信息差的买和卖，还要输出文化。我想卖的是产品背后的文化和生活方式。我卖的是波罗的海的琥珀、俄罗斯的冷杉精油、威尼斯的'缘分天使'布偶、冰岛的一块冰，让平台用户感受到不同文化的独特之美。一旦用户接受和向往了国外文化，那么再植入产品，就是顺理成章的事了。这就是一种以文化价值为导向的沉浸式消费体验模式。我们的买手虽然交易量不大，但能够不断推出新故事，吸引对文化感兴趣的年轻人消费，因此可以持续产生现金流和利润。"

随着平台逐渐做大，公司开始走大众化路线并营销标品。董家渝对这种转型感到焦虑："你需要磨平棱角，加入大众能够接受的产品。"纠结之下，她决定二次创业，开始新的探索。"其实离开跨境电商后还有很多选择。我用了一个多月的时间去想清楚自己要做什么——在单一领域实现规模化，或者说当爆款制造机。"最终她选择了一个韩国隐形眼镜品牌。她说："选择比努力重要。我当时选这个产品和品类的时候，就知道隐形眼镜属于医疗体系的产品，是有门槛的。开始有人质疑我要用一年的时间来办资质，之后才能大张旗鼓地宣传。我的回答是，如果能用一年的麻烦换来未来 5 年的安稳，那把门槛抬高一点也是值得的。"

董家渝的判断和胆识经受住了市场的检验。她的新公司 2017 年成立时就拿到了投资，2018 年得到了知名投资机构的一笔大额资金。当时她想"要在三个月内收回投资成本并盈利，一年后铺设渠道并打造爆款"。现在她在想，是否可以用这套方法再探索出一个新品类。

回顾董家渝的创业经历，我们不仅惊叹于她的创造力和探索精神，更好奇年轻人获得关键引荐和融资机会的密码。董家渝这样总结道："首先，我进入移动互联网行业比较早，当年一起奋斗的小伙伴都已经是成功的创业者或投资人了。这是从业多年获得的人脉积累和沉淀。其次，我在融资时有明确的目标，会根据目标判断去找谁，如何分配股份占比等。最后，我相信如果平时做事靠谱，做人坦诚，周围的人就会对你有公正公允的评价，也愿意与你合作。虽然我们常说"对事不对人"，但我认为在职场中要"先做人，再做事"。"

有时候，我们需要坚守与忍耐

赵扬子是极具天赋的独立服装设计师。她从三岁开始学画，大学考入北京服装学院，大三设计的服装已经在北京 A 类商场专柜销售，2013 年日销售额达三四万。大四，她独立举办了自己的高级成衣发布会。

"年轻的时候灵感像源泉一样，我曾经在短短一个月内为商业合作伙伴设计了 120 个服装样板，向前冲的心气非常足，"她说，"我的导师曾经说，艺术家就要纯粹，不能落凡尘、沾染世俗气。当时我不明白这句话的意思，执意要去创业。虽然这些年经历了商业世界的残酷，但这到底是我自己选择的。人要按照自己的心意生活——不过上最想要的生活，人生就还没有开始。"

2016 年，中国原创独立服装市场正在蓬勃发展；同年，扬子创建了新公司。"2013 年到 2016 年，原创设计还是新兴市场，我赶上了这个红利期，发展顺风顺水。最开始我给演艺人员做高级定制，稳定了现金流。之后，我在全国大张旗鼓铺设买手店，最多到了 12 家。当时我的一场发布至少会请五六百人，品牌也逐渐打响，还多次参加了中国国际时装周。二十五六岁时，我攀上了事业高峰，对自己一个人在北京打拼所取得的成就感到非常自豪，整个人显得锋芒毕露、意气风发。"

05　重新定义职业女性的成功

但不到两年的时间,扬子就感受到了从高点向下急速坠落的剧痛。她说:"2018年,独立服装设计市场明显日渐饱和,我的总库存量却依然很大。虽然每天也有一定的销售量,但是远远不能减轻囤货压力,更何况还有人力成本。因此,在前两年的盲目扩张后,我只能陆续关店,后来短短三个月里赔了上百万,相当于我之前所有的积蓄。"

在市场巨大的震荡中,扬子觉得自己迷失了:"我以前是特别开朗的姑娘,但是创业这五六年来经历的大大小小的挫折,失望、郁闷、迷茫等负面情绪都积压在我心里,到了2018年整个行业遇冷的转折点,我一下子就被击倒了。那个时候我完全不想出门,不想说话,常常从晚

▼赵扬子(左)

她职场 SHE
POWER 活出女性光芒

上 10 点多一直坐到天亮。"

怎么走出低谷期呢？扬子想了想说："我现在也没走出来，只是在坚持。现在任何能存活的企业都算有上佳表现了。当你成功的时候，没有人会来评判你。当你陷入低谷，你会发现所有人都会拿着社会标尺来衡量一个用全副身家创业、还没有建立家庭的女性。父母亲戚尤其会唠叨你，说你的同龄人已经买了房和车，生了孩子，有份稳定的工作了，等等。但我很清楚有个小家和过平淡的生活并不是我的追求，当然这也并非易事。我想要的是每天都接触到新事物，让我的心灵产生撞击感，甚至为一个可能不会实现的美好梦想而感到悸动。因此，我还要维持自己的品牌，直到有一天真的没有市场了，那我可能会去从事其他艺术设计方面的工作。"

当被问到是否会后悔当初离开学院、走商业化路线时，她回答道："不会。我今年 30 岁，正是而立之年，已经想通了很多事。人一旦选择了自己认为对的路线，势必就放弃了其他的可能性。鱼和熊掌不可兼得，错过了就是错过了，我不会因为别人的看法而退步或改变自己的初衷。我始终告诉自己：在你认为最好的一刻来临前，你所经历的一切都是在给自己蓄能。到了那一刻，你肯定会发光发亮；如果还没有到，那就继续坚守忍耐。只要不放弃，上天总会给你一个合理的安排。"

照亮自己，也照亮别人

很少有人在 16 岁就开始对自己的人生进行规划，并真正践行自己的计划，但今年只有 27 岁的覃枢立做到了。"我很怕消磨时间，我从小受到的家庭熏陶就是，人这一生不能碌碌无为，要全力以赴，为国效力。"她说。

枢立有强大的自我驱动力，这也正是创业者最需具备的特质之一。她说："正是因为我相信我天生不会只是一个平庸的人，所以我骨子里才有了这份强烈的目标感。"初中时她就担任了学校广播站的播音员，并萌生了到更大的舞台当主持人的想法。于是进入高中后，她开始正式学习播音主持，并积极寻找展现自己的机会。

"当你想要获得更多的机会，让别人知道你的存在时，参加比赛是最好的方法之一。"她说。16 岁的一次比赛成了她职业规划的重要节点。

"在比赛之后，有很多人为我提供了很棒的提升机会，比如邀请我为柳州市的旅游文化做推广，之后我便担任了 6 年柳州市——'风情柳州'旅游推介人；在大学里，我参加了中国东盟礼仪大赛，通过这两个平台，我有机会接触到国内很多政界和商界的资深前辈。他们的风度和格局让我看到了榜样的力量，使我在心里暗暗定下了成为企业家的目标。"她说道。

她职场 SHE POWER 活出女性光芒

▲ 覃枢立

对于实现梦想的路径,枢立会呈现出超出同龄人的深刻思考。她是一个有目标的女性,一旦明确了方向,她就会朝这个方向前进。

"创业怎么能成功?如果你是你所在行业的领军人物,一切都会相对容易得多。因此,我刚学播音主持时,就在日记本上写道,'2010年目标是争取让全县人民都知道有一个学习播音主持的姑娘叫覃枢立'。为了之后更好地学习如何做生意,我选择了财经主持人方向。我会尽可能争取时间看大量的书,有意识地培养气质、形象、谈吐、台风,去塑造自己的人格魅力、道德修养、正确的三观等。在每一场主持或比赛中,我都会注重各种细节,希望可以漂亮地完成工作,为自己争取到下一个更好的机会,慢慢就形成了自己的个人品牌。当有相关类型的主持活动时,大家就会想到我。"她告诉我们说。

16 岁出道以来，枢立担任了多届中国东盟礼仪大赛主持人，并主持了广西壮族自治区成立 60 周年大庆。"广西的很多前辈可以说是看着我一点点成长的，这些年来的积累让我无须担心资金流的问题。在我看来，做事先做人，把人做好，事情做好了，在工作面前展现出专业的态度和能力，你就会获得很多机会。"因为是主持人，枢立也收获了大量粉丝。因为经常在公共媒体上曝光，无形当中她就慢慢获得了流量，为创业奠定了基础。

大学毕业后，枢立创建了自己的工作室，深耕自己最擅长的领域——公众形象管理，主要服务于私域流量的客户，为他们提供言谈举止和妆容服饰、公众形象方面的指导。之后经过五年的商业学习，再加上人脉、粉丝、资金的积累，她正式创建了自己的公司，将服务定位为打造个人品牌。"个人品牌在未来 10 到 15 年很可能成为刚需，是增长潜力极大的新市场。现在我们往往更在意商品的品牌价值，却忘了人才是创造品牌的核心，而且个人的品牌力量就像杠杆，能在很多时候直接影响企业的社会影响力，甚至具备了更强的个人品牌价值。"她感慨道，"我个人就受益于对自己的品牌管理，我想更多的人同样需要个人品牌包装和塑造正面形象，并通过科学的职业规划，实现个人价值的指数级增长。目前我们服务的客户主要是职场精英和想成为职场精英的人——他们不仅是公司的对外名片，也是展现国家形象的窗口。"

虽然公司仅创立一年，但经过此前长达 10 年的商业思考和资源储备，枢立的公司很快就步入了正轨。她说道："目前客户稳定，再加上我们是轻资产公司，所以年收入已经超过百万，尽管没有人能保证创业就一定能够成功，但对于我来说这次创业算是天时地利人和。如果出现了问题，那就是因为我经营不善。"

抱着这种敬畏之心，她和团队每天复盘，自己也不断地反省，并告诫自己："作为一个平台的核心人物，当你不断获得荣誉和肯定时，就容易飘起来。如果你信了，就会摔得很重。因为有太多的前车之鉴，所以我培养了自己的自知之明，就是要时刻保持谦卑，脑子里要拎得清，不允许自己有飘的念头，告诫自己保持理智，多去听批评的声音。"

最后，她总结道："从企业发展角度看，这次创业是我人生事业发展的开始，我需要更多的历练，我还想走得更远，所以我会让自己变得更优秀，更强大，我要走向全国乃至国际。我的理念是，把公司做小，把市场做大，把产品做精，把服务做到极致。我想做实事，把最精品的服务提供给客户，为国家培养更多高综合素养的精英人才。我的使命感时刻告诉我：要变成一束光，照亮自己，也照亮别人。"

06

建立自己独特的竞争壁垒

她职场 *SHE*
POWER 活出女性光芒

打造个人品牌

2014 年，奥美整合营销传播集团中国区首席执行官、奥美广告中国区 CEO 庄淑芬女士受邀担任 TEDx 的主题演讲嘉宾，然而当时的她刚刚把奥美中国区 CEO 的职位交出去。她问主办方："我现在已经不是奥美中国区的 CEO 了，你们是否要邀请别人？"主办方回答她道："我们找的是你这个人，不是你的头衔。"

没有了奥美中国区 CEO 的头衔，庄淑芬女士的内心其实正在担心自己的个人价值在组织内外是否会面临挑战，而主办方的回答让她豁然开朗。她意识到自己就是自己的品牌，是自己人生的 CEO。我们的人生旅途千变万化，个人品牌就是我们最大的资产。

在正式讲个人品牌之前，我们先来谈谈什么是品牌。

最初，品牌一词其实是指印在动物身上方便主人识别的烙印。13世纪，欧洲开始盛行在商品上印上表明产地的标记及名称，一是为了表示品质有保证，二是为了区别于其他产品。此时，人们对于品牌的理解还停留在它是一种便于区分物品的印记。到了工业革命兴起的19世纪，一家叫宝洁的公司让人们开始看到品牌在推动产品销量、帮助企业在竞争中脱颖而出方面的价值和重要性。

1867年，宝洁公司是一家专门生产蜡烛和肥皂的企业。当时，宝洁公司跟其他企业一样需要将产品堆在码头上等客商来挑选。为了防止产品被风吹雨淋，每堆货物上都盖上了帆布。客商在订货时，需要打开帆布查验货品，往往需要花费很多时间。针对这种情况，宝洁公司的员工提出了一个建议，在帆布上打上一个明显的标志，于是宝洁便在帆布上画了一个大大的圈和一个五星，这个举动让宝洁的商品很快便被客商一抢而空。货物没有打标记之前，商品全部销售完平均需要15天；打了标记以后，销售时间缩短到了两个小时。

这件事情引起了其他企业的注意，它们也在自己的货物上打上了标记，码头再次回到了一片混乱的状态。这时，宝洁公司就想怎样才能继续保持优势，同时又能够不受其他产品或厂商的影响？当时有人提出了另外一个想法，即在产品上打上独一无二的标记，别人就不能够简单地模仿了，这样有利于产品的销售和传播。宝洁公司决定给每个产品取一个名字，以保证产品的独特性，于是世界上便有了第一个真正的产品

她职场 *SHE*
POWER 活出女性光芒

品牌——IVORY。人们思想中开始形成了现代概念上的品牌含义：品牌是一种识别标志、一种精神象征、一种价值理念，是品质优异的核心体现。

随着市场竞争的出现，企业品牌的出现是必然结果。为了在激烈的竞争中立于不败之地，各企业必须对产品进行品牌化建设，并且通过不断培育和创新品牌来强化自己的创新能力，以便多层次、多角度、多领域地参与竞争。可口可乐公司的总裁曾多次说过，哪怕可口可乐全世界的工厂一夜之间全部被大火毁灭，凭借可口可乐的品牌，他也照样可以东山再起。

让我们把目光聚焦于如今的职场，打造个人品牌也是时代对每个职场人提出的要求。30年前，只要你有好的学历就可以进入国企，拥有比普通人高几倍的收入；20年前，私有企业开始兴起，只要你有能力为企业创造价值，就可以获得一份好的收入；在如今的互联网时代，社会经济的基本单元不再是企业而是个体，教育水平的提高也让职场上高学历、有能力的人随处可见，只有打造了个人品牌才有机会脱颖而出，才能成为职场上的"不倒翁"。

这种个体价值大于平台价值的趋势对于女性而言是一个机遇。管理学家宋新宁博士将个人品牌定义为："个人在工作中显示出的个人价值，它就像企业品牌、产品品牌一样拥有知名度、信誉度和忠诚度。"由于

06　建立自己独特的竞争壁垒

刻板印象，女性无论在职场还是创业融资的过程中，都更难以取得他人的信任。当你有了知名度时，也就拥有了更多的话语权，老板、合伙人、投资人便不能再随心所欲换掉你；当你有了信誉度，你就可以减少很多沟通和说服的工作，资源和机会也将向你倾斜；当你有了忠诚度，也就有了自己的铁杆粉丝，无论想做什么都能够有人跟随、有人买单。

关于个人品牌的影响力，我（邱玉梅）还想和你分享一个神奇的现象。玛丽黛佳公司创始人崔晓红经常受邀在睿问的线下课程、活动中进行分享，每一个听过她现场演讲的女性，回家做的第一件事就是打开淘宝，搜索"玛丽黛佳"，最后点击购买。

为什么她能够有如此强的带货能力？对外，她很少称自己是玛丽黛佳的创始人，而喜欢称自己是玛丽黛佳的最高产品官："我从不让员工叫我老板，我更希望她们叫我最高产

▲崔晓红

品官。"这是崔晓红对外打造的个人品牌,因为产品经理是最贴近用户的岗位。因此,玛丽黛佳可以在不做硬广、不请明星代言的情况下,每年都能产生十几亿的销售额,因为它的"最高产品官"就是最佳代言人。一个时刻对外宣称自己是"最高产品官"的创始人,用她对用户思维的深刻理解以及把用户体验时刻铭记在心的态度,成了行走的"圈粉神器"。

有人会说打造个人品牌其实就是在自我吹嘘,也有人会认为自己不爱出风头就没有必要打造个人品牌了。这两种想法尤其容易在女性的脑海中产生,原因有两个。

一是受环境的影响。《哈佛商业评论》提出,有多项研究表明,女性会被一种叫作"好人缘难题"的现象所影响。根据性别规范,女性都应该是亲切、热情、有教养的,所以当女性做出违反规范的行为(比如,站出来做出艰难的决定、表现出强硬的态度),对自己往往是不利的。我们都曾遇到过这样的例子:有些女性在公开场合会被批评"太强势"了,或者被贴上"冰霜女皇"的标签。

二是受自身的束缚。我们在本书的第 1 章中提到,女性容易陷入自信陷阱,所以我们在职场上会看到很多女性表现出以下行为,让自己的个人品牌变得越来越不起眼,主动将自己推离发光、发亮的舞台。比如,对自己的工作成果或职位轻描淡写;常常拒绝引人瞩目的任务;

乐于为公司做贡献却从不争取自己应得的荣誉；在机会面前羞于推销自己。

打造个人品牌并不是让一个人成为"花蝴蝶"，也不是要去构建一个海市蜃楼，而是要通过一套方法挖掘出自己独一无二的魅力和价值，塑造自己的不可替代性，让自己能够在竞争激烈的职场中存活下来，甚至发光发亮。

因此，作为一名职业女性，应该如何打造一个强大的个人品牌呢？接下来，我们将分享五个策略，这些方法大多来源于已经成功打造出个人品牌的职业女性或者品牌营销专家。我们希望能够给你提供一个个人品牌打造思路，让你的才华能够被看见。

找到自己的差异化定位

定位是个人品牌的锚点，也是个人品牌一切行为和内容的指南和标准。那么，如何精准定位，让自己赢在起跑线？资深品牌营销专家杨石头老师提出了三个标准：凸显自身、区隔对手、迎合需求。

凸显自身就是要放大你的独一无二。前提是你要清楚自己的优势是什么，可以利用测评工具来寻找答案。比如，我们常在线下课程中通过 PDP 性格测试（Professional Dyna-Metric Programs，即行为动态衡量系

她职场 *SHE*
POWER 活出女性光芒

统）帮助学员找寻自己的差异化定位，这也是中欧、长江、上海交大等商学院在课程开始前用于让学员了解自己的工具。

PDP 性格测试会用五种小动物表示你的行为优势：老虎（行为特点是强势的领导者，工作中会主动改变环境；个人品牌特色是霸气的、力量的、红色的、创业型，优势魅力来源于权威）；孔雀（行为特点是爱说爱笑爱创意，喜欢与人主动接触；个人品牌特色是风韵的、热情的、演讲型，优势魅力来源于亲和力）；考拉（行为特点是温暖稳定、热爱和平；个人品牌特色是温暖的、陪伴的；优势魅力来源于信任承接）；猫头鹰（行为特点是注重细节、讲究精确；个人品牌特色是靠谱的、沉稳的；优势魅力来源于专业性）；变色龙（行为特点是拥有灵活的应变能力；个人品牌特色是灵动的、彩色的；优势魅力来源于善于补位、烘托气氛）。

区隔对手就是找出你和别人有什么不一样。比如，年龄上的区别：王阳是塑形衣品牌 WAISTMEUP 的创始人兼 CEO，1993 年出生的她凭借创业 3 年市场销售额年均 5 亿的成绩在业界站稳了脚跟，在一众创业者中，年龄成了她的差异化定位，她被称为"90 后塑形衣女王"；性别上的区别：我的朋友王争便是作为首位完成单人环球飞行的亚洲女性飞行员成功出圈，被世人熟知的。

迎合需要就是看定位是否满足了公众的需求。睿问平台上有一位演

06　建立自己独特的竞争壁垒

▶ 刘慕雅

讲教练刘慕雅，她在 25 岁时就赢得了 Toastmasters 全国中文演讲冠军、冠军邀请赛冠军，迄今为止已经拥有超过 10 000 小时的公众演讲经验，10 年 5000 小时教学培训经验。最近，她新创立了一个自己的品牌叫"慕雅 5 分钟黄金演讲"，戳中了大部分人在学习演讲时追求快速见效的心理，打出了自己的差异化定位。

她职场 *SHE*
POWER 活出女性光芒

给自己一个容易记住的"超级符号"

什么是超级符号？就是人们本来就知道、熟悉、喜欢的符号，比如一个众人皆知的地标建筑、一个家喻户晓的卡通人物、一个约定俗成的说法，等等。超级符号是隐藏在人类大脑深处的集体潜意识。当品牌与超级符号嫁接时，就能让亿万消费者对一个陌生的新品牌瞬间产生熟悉的感觉，记住并喜欢这个品牌，甚至乐意掏钱购买它。比如《穿 Prada 的恶魔》这部电影为什么这么火？就是因为有 Prada 这个人尽皆知的词汇作为超级符号。

那么，为什么我们需要给自己找一个超级符号呢？大部分人在介绍自己时都会用一长段话来描述自己，但是大脑是懒惰的，每天接触那么多人后很难清晰记住你是谁。给自己起一个超级符号就是用最简短、大脑原本就熟悉的词汇来帮助你快速抢占别人的心智空间。当他需要从自己的关系网中筛选某个方面的人时，能够第一时间想起你。

每一位睿问平台上的导师，我们都会帮他梳理一个超级符号，比如故事炼金师、善用能量的关系魔法师、职商导师、酒博士，等等。

那么，我们要如何给自己找到一个行走江湖的"超级符号"呢？可以参照这几个原则。

首先，超级符号要和目标场景挂钩，比如，超级符号如果用在工作场合，就要与你的职业和专业挂钩；在交友场合的话，就需要换一个。比如，曾经有一位年轻人参加我们的活动，说自己是"二次元美少女"，我问她是从事二次元行业吗？她说只是因为自己喜欢二次元的装扮。那这个超级符号就只适合在生活中的交友场合，如果是在工作中就无法体现你的价值。

其次，超级符号要与我们最大的天赋优势和热情挂钩。比如，我的超级符号是"女性影响力专家"，我的优势就是帮助自己以及其他女性塑造影响力。

最后，超级符号要特别容易记忆，简洁、有力、准确。比如，我有一个南加大的校友叫汉克（音），他是一个长相帅气，待人友好，同时也是经历过很多事情依然保持单纯的人。他每次介绍自己都会说："我是在洛杉矶长大，现在在上海工作，专注于医疗地产投资的ABC；我姓林，娱乐圈有杨天真，你们可以叫我林天真。"

一个3分钟个人品牌故事

维珍集团创始人理查德·布兰森（Richand Branson）说过："今天，一个成功的企业家一定也是一个好的故事讲述者。"如果说超级符号是为了让人快速记住，那你的个人品牌故事则是帮助你快速让人喜欢。对

她职场 *SHE*
POWER 活出女性光芒

于听众来说，故事是最能够引起共鸣的内容，我们需要一个好的故事去调动对方的感性思维。

那为什么你的个人品牌故事是3分钟呢？因为成年人的注意力停留只有2分37秒，如果你不能在3分钟之内让故事被人们记得住、可转述、易传播，就失去了作为一个表达者最宝贵的资产——听众的注意力。

我们如何才能快速提炼出自己的个人品牌故事？在这里，我们想与你分享一个慕雅的故事。

我们在前面提到了，慕雅是一名有着10年教学培训经验的演讲教练。有一年，慕雅被邀请去一家市值几百亿的集团公司谈一个针对最高级别管理者的演讲培训业务，当时谈得很不错，就在她以为要签约时，集团总裁突然说："我现在要出去打个电话，回来时希望你可以为我做一个演讲，让我看到你们公司的实力、水平以及你过往的经历。"如果是你，你会怎么做？只有一通电话的时间，该如何完成素材选取、打磨和演练？任谁都会诧异，好在她有一个必杀技——故事银行，她会把日常生活中发生的、听到的故事记录下来。她打开电脑中的"故事银行"，从中筛选出了一个能够解答集团总裁所有疑问并体现自己实力的故事进行呈现。演讲一结束，她话音刚落，那位总裁就说："希望我们合作愉快。"

通过这个故事，我们想表达的是，也许目前的你还无法在 3 分钟内讲述一个黄金故事，但是需要开始建立自己的故事银行，让自己有足够的故事储备来应对每一个需要在 3 分钟内讲好个人品牌故事的场合。

持续进行内容输出

个人品牌大致是指个人拥有的外在形象和内在涵养所传递的独特、鲜明、确定、易被感知的信息集合体，是能够展现足以引起群体消费认知或消费模式改变的力量，具有整体性、长期性、稳定性的特性。

打造个人品牌并非一朝一夕的事，持续输出、系统化运作是塑造和强化个人品牌的一个必要手段。听到这里，可能很多人一想到个人品牌需要花费大量时间、精力和金钱就会产生畏难情绪。其实个人品牌的运作主要分为两种方式：一种是低频次、大惊喜、大投入，这种方式通常通过金钱的投入快速获得个人品牌，也就是我们常说的"一炮而红"；另一种就是内容营销，持续深耕，高频次、小惊喜、小投入。后者适合大部分零基础、希望打造个人品牌的普通职场人。

如果你是一个对于谈论自己的成就、直接推荐自己会感到害羞的人，那么持续性的内容输出也是另一种能帮助你广泛地建立良好的声誉、展示专业能力的最佳方式。

内容输出分为内容价值和输出方式两个部分。对于内容价值的形成，睿问的 COO 栗子提出了三个原则。一是用户思维，就是指"说人话"，把"我想说的"变成"他们想听的"。这就需要多跟别人交流，不断获得反馈。二是相关性，输出的内容要与你的人设、能力息息相关。三是立体性，除了自己的思维和知识，也可以分享自己对为人处世的见解，让个人品牌更饱满。输出方式也可以分为三种：（1）分别在自我介绍或者讲述个人品牌故事的过程中进行价值观输出；（2）以发起"提问+回答+讨论"的方式进行输出；（3）以直接分享观点的方式进行输出。

巧借社交平台扩大影响力

为什么打造个人品牌需要借力？

首先，我们每个人都有认知盲点，需要别人来帮忙完善自己和找到自己的精准定位；其次，个人品牌的传播要有涟漪效应，从核心圈开始一层层往外传播，光靠自己的单点力量是远远不够的；再次，适合自己的平台和社群能够批量为你导入精准的用户和粉丝；最后，平台能够为你提供很多个人品牌打造及粉丝运营的工具和方法论，通过向平台学习可以迅速迭代自己打造个人品牌的能力。

虽然这是一个个体崛起的时代，但是真正崛起的都是找对了平台的人。我们可以根据借助与个人品牌定位契合的平台和社群的力量，先成为某一方面的专家。如果你想成为财务领域的专家，就可以深耕财务平台；如果你想成为人力资源领域的专家，就可以在人力资源平台发声；如果你想成为职业女性成长过程中的引领者，那么欢迎你来到睿问进行演讲和授课。

打造与"超级符号"和谐统一的外形

既然个人品牌与外在形象有关，那就意味着你的外在形象会直接影响到你给别人留下的个人品牌印象。

杨澜说过一句话："一个人的名字，是一个品牌；而一个人的形象，就是一张名片。人们没有义务从你自己都毫不在意的邋遢外表来发现你优质的内在。"1995 年的冬天，杨澜奔波在各个公司寻找工作，如果再找不到工作就只能选择回国了。可遗憾的是她再一次被拒绝了，原因是面试官觉得她的形象与简历不符而拒绝继续向她提问。

不管你承不承认，人与人的交往经常是"始于颜值，终于才华"。这里的颜值不一定是指有多好看，而是指你的形象是否符合你的个人品牌，是否能引起别人对你的重视，使他们注意你、记住你、喜欢你。外形中有一个"7 秒定律"，是指每个人的第一印象形成只需要 7 秒钟，那么如何通过外形在短暂时间正确传达出"我是谁"这个概念呢？资深品牌营销专家杨石头老师提出了以下三个维度。

她职场 *SHE*
POWER 活出女性光芒

维度一，挖掘自己的外貌特点。从你的五官入手，看看有哪些特点可以彰显你的与众不同。

维度二，塑造自己的独特造型。如果你的五官没有明显的特点，可以运用外在的道具，比如发型、配饰来凸显自己。睿问平台有一位导师叫谢丽君，她曾是众多明星名流的形象指导，被称为台湾第一造型师。每次出现在睿问，无论是授课还是参加千人规模的年度盛典，她都会佩戴一副精心挑选的眼镜，显得知性又时尚，与她形象导师的定位高度契合。玛丽黛佳创始人崔晓红有时候参加一些活动，包括她们自己的展会，她都希望别人能很容易看到她。她通常会让自己化身为剧中的某个人，穿上很高的高跟鞋，让朋友给她做一顶很高的头发帽子，就是在一两百人的现场，也特别容易找到她。有时候，她不戴假发帽子，而是换成一个长度到小腿的假发，也是大波浪，很容易给人留下深刻的印象。

维度三，尝试用身体语言来制造记忆。当你故意设计一种独特的姿势并不断重复这个姿势时，就会强化周围人对你的印象。

21世纪是品牌的时代，如今我们活在一个被个人品牌包裹的世界里。在这个世界里，我们只有两种选择：要么成为个人品牌的追随者，要么成为品牌。

打造个人品牌需要强大的决心与内心

打造个人品牌这件事情现在大家都在说，但真正做到其实是需要强大的决心和内心的。

经常会有人跟我说，觉得自己的个人品牌已经很强了，不需要打造了。每次听到这样的言论，我的内心其实是很复杂的：一方面我会觉得对方知足常乐，心态挺好的；另一方面，我们也注意到那些各行各业最顶尖的人都还在不断地打造个人品牌；我知道大家对于打造个人品牌这件事情的理解有时候还是狭隘的，很多人以为"出风头"就是打造个人品牌，但其实找准自己的定位，梳理自己的优势，校准自己的表达，对接精准的宣传渠道等才是打造个人品牌。

除了很多人没有意识和决心打造个人品牌以外，还有很多人无法正确地面对"红"了以后被黑的情况。我们可以换个角度来看待被"黑"这件事。一个温吞水的"老好人"往往很难被看见，反而"黑红体质"是一种魔性体质，一个拥有"黑红体质"的人往往代表他们更加勇敢犀利，更加不愿意向世俗妥协。另外，网络世界里读者和观众的素质参差不齐，有些人只能看到表面现象，或者会把自己现实中的不如意向他人宣泄。

著名主持人伏玟晓曾是东方卫视《谁能百里挑一》的主持人，也曾

她职场 *SHE*
POWER 活出女性光芒

经多次担任我们一年一度"全球她领袖盛典"的主持人。从小被当作男孩养大的她拥有明艳的外表,有着无比敬业的精神、犀利的言辞和强势的性格。这样的她实在不符合大部分国人对美丽女性"温良恭俭让"的要求。虽然在生活中,她是一个具有强大同理心、对朋友非常仗义的人,但是远远观察她的人是看不到这些的。因此,她红了以后,也招惹了很多黑她的人。我和我们睿问的同事们都非常庆幸自己不是从荧屏上的人设以及他人的口中认识她、评判她的。她给我们的印象由初识时的高冷逐渐转为工作时的专业、对周围人充满同理心,以及她不知道如何回应别人赞赏、热情时的局促。我们看到的是一个非常具有人格魅力的女性。

日渐强大的同理心让她总能换个视角看世界,包括理性看待自媒体账号下给自己写下两极评论的网友们。

▼伏玫晓

06　建立自己独特的竞争壁垒

面对一如既往支持自己的朋友，伏玟晓曾在录制的 vlog 中提道：

> 你们每个人都给了我独一无二的关注和陪伴，说实话我可能永远无法回报这份关注。昨天还有一位女士私信我，对于我可能面临的困境表示坚定的支持。你们可能不知道正是这些留言和鼓励潜移默化地影响和支撑着我的人生……

对于陌生人的善意，她时常感念在心，很多朋友因为节目而喜欢她，也有一部分人因为节目而讨厌她。你也能经常看见她的自媒体账号会有以下评论。

- "戳气。"（上海话讨厌的意思）
- "心机的长相，当时看节目就不喜欢，快滚出上海。"

…………

睿问最会说话的 90 后宋菁曾一个一个点开黑粉的账号，想看看他们在现实世界里是什么样的人。但是他们大多数人没有简介，账号里也没有能显示个人信息的作品，昵称甚至都是平台默认的数字。

似乎这个自媒体账号建立的初衷，就是为了披着马甲在互联网的世界流窜，写下恶毒的留言。

对于自己的招黑体质，伏玫晓有自己的理解："观众是我的衣食父母，可能我工作的另一部分价值就是用来给他们缓解情绪的。黑粉骂我，除了宣泄情绪，也给了我关注，给了我流量。毕竟我是相亲节目出来的，很多观众本就是听我的八卦才过来的，当初做节目得到关注也是因为我比较毒舌，算是被骂红的。"

因为这个倔强的女子从不愿人前示弱，更不屑为过去争辩。她甚至认为因为自己吃观众这口饭以及曾经被骂红的经历，承受非议无可厚非。我问她为什么不删除恶评的时候，她淡定地说，因为太多了删不过来。

伏玫晓的这种态度，更让我们感受到了她的人格魅力。

每个人都渴望得到一些红利，可是那些红利背后，往往隐藏着需要付出的代价，你准备好了吗？

找到可以支持你的友谊与社群

大概五年前，我（刘筱薇）在为以"女性领导力"为主题的专栏寻找采访对象时认识了某顶尖咨询公司的两位女性高管：米兰达和赛琳娜（两人均用化名）。

米兰达此前在美国工作多年，有过在大型公司任职管理岗位的经验，了解成熟企业如何建立对女性员工的支持系统，包括相关政策、培训和导师制等。她回到该咨询公司中国办公室后担任了领导职务，发现公司里还没有女性员工的网络，于是发起了对中层管理者的女性领导力计划，而塞西莉亚就是受益者之一。

塞西莉亚在生育后发现自己很难再回到职场了。她表示，在照料嗷嗷待哺的孩子的同时，还要应付高强度的工作，时常让她感到崩溃，不止一次想过辞职。但是在最艰难的时刻，通过女性领导力计划认识的女性同事总鼓励她再坚持一下。所以尽管动摇了无数次，她还是咬着牙坚持留在了职场。去年，塞西莉亚已经升至所在公司的全球合作人。

当我问塞西莉亚其他女性说了什么有魔力的话才把她留了下来时，她想了想说："她们给我更多的是理解。因为她们经历过同样的困境，特别是米兰达，所以她非常清楚我面临的是什么。能得到她的理解和支持，这一点让我很感动。因此，每次她要把我拉回来的时候，我都能听进去。"

职场中的女性友谊往往是被雇主忽略的因素。盖洛普调查发现，2/3的女性表示，工作中的社交是她们工作的主要原因。工作中的同性友谊会影响她们的工作参与度，认为自己在工作中有最好的朋友的女性（63%）比持相反意见的女性（29%）投入工作的可能性高出一倍多。

艾米·库珀·哈基姆（Amy Cooper Hakim）博士长期研究职场心理学。她对于职场中女性友谊的解释是："无论是在顺境中还是在逆境中，朋友们都会相互支持。在工作中，拥有一位性别相同、职位或薪资级别相似的亲密朋友特别有帮助，因为这位朋友可以在个人和工作相关的问题上与你有紧密的联系。对于女性来说，女性工作中的朋友提供的理解和支持与男性工作中的朋友不同。"

从进化的角度看，研究表明，女性比男性更倾向于社交，并注重团体归属感。平均而言，男性在单独工作时往往更有效率，而女性则在合作中更容易茁壮成长，能够更好地工作。因此，一般来说，女性更容易受到社会关系的影响，包括与同事的关系。美国佐治亚州立大学2019年的一项研究表明："相较于和男性的社会交往，女性发现与同性社交更有益。女性更容易受到催产素的影响，而催产素在调节很多社会行为方面发挥着重要作用，包括建立社交纽带的行为。"

有友谊支持的职业之路更好走

如果你是职业女性，要想获得积极的工作关系并促进职业长期和健康的发展，有意识地建立和珍惜与同性的真挚友谊是必要的。当你陷入困境时，一位可以交流想法、倾听你的心声、替你排忧解难的女同事会帮助你振作起来，使你变得更自信，并获得解决问题的可能方案。

不要小看女性之间的情感联系，这类软性支持有时决定着女性整个职业生涯的发展方向。在当前男性普遍占主导地位的职场中，只有女性更懂女性的处境。比如，在性骚扰等敏感问题上，在创伤时期有一个知己可以减少事件的长期负面影响。女性在遇到性骚扰时往往会担心被报复而不敢报案（75%被骚扰女性在报告后的确会被报复），如果这时有其他女性和她们站在一起，就会让她们感觉不那么孤单了。

除了情感支持外，女性在工作中的友谊可以促进彼此的职业成功。女性在工作中面临着各种障碍和歧视。她们更有可能因为自己的个性而受到惩罚，比如如果她们很有主见，就会被称为"专横"。女性要求升职的次数和男性一样多，但仍然得不到升职。男女同工不同薪至今在全球都是尚未解决的严重问题。

在这种结构性不平等下，女性之间的相互鼓励和扶持就显得至关重要。我们采访过的一位女性高管这样介绍自己和另一位女性同事的合作关系。由于女性的声音在会议中往往得不到重视，所以这位高管和女性朋友会在开会时重复彼此的观点，避免在男性占绝大多数的高管会议中，女性的提议被漠视或者被其他男性据为己有。她说："这个方法很有效，我们要推荐给其他有同样困扰的职业女性。"

职场中的女性友谊也可以形成导师关系。女性导师或榜样本身就起到了激励作用。当你看到女性朋友在工作中的出色表现，像专业人士一样建立人脉关系或者获得晋升，你也会每天更加努力地工作，向她看齐。更重要的是，取得一定成就的女性还会为女性朋友提供新的社交和工作机会。

专门致力于赋权职业女性的非营利机构 Catalyst 欧洲执行董事艾莉森·齐默尔曼（Allyson Zimmermann）在接受采访时表示："我们的研究显示，女性正在培养其他女性（72%），而男性中只有 30% 的人在培养女性。我不知道为什么会有一种宣称女性不支持女性的声音。但我们的研究表明，随着女性的高升，她们会提携和照应更多的女性。"

邢文臻是简博市场研究股份有限公司的创始人兼董事总经理，同时也是睿问线下创业课程、领导力课程的导师，她常常与睿问社群里的年轻女性分享自己的创业经验。在谈及为什么愿意花时间精力带领年轻女性成长时，邢文臻的回答很好地体现了女性领袖的导师精神："当你懂得给予的时候，其实是你最幸福和最富有的时候，因为你有才会给。因此，无论跟谁在一起，你只要懂得去给予，那么你就会是开心和幸福的。睿问平台上有一群渴望成长、热爱学习的年轻女性，跟她们在一起，我的生命会非常精彩。"

最后，女性友谊让工作更有趣了。新一代劳动力对雇主的期望正在发生变化。对年轻员工来说，薪水不再是主要的激励因素了；相反，许多人在工作中寻找的是成就感、目标感和幸福感。这就是为什么大量的研究证明，良好的工作关系可以提高工作满意度和绩效。

女性很容易在高度个人化的层面（比如情感话题）上建立联系并产生亲密感。不得不承认，我（邱玉梅）在之前的职业生涯中，很大一部分快乐来自和女性同事分享八卦和抱怨老板！我有一个非常信任的女性同事，我们经常一起"组团"出差。她总能让最枯燥困难的项目变得有趣。她还像一面镜子，我通过她了解到外界对我的看法——她给了我重要的第三视角。

在和女性朋友的互动中，我甚至觉得女性在发现和实现自我的旅程中，很大程度上受到我们与其他女性关系的影响。在现代女性经典作品"那不勒斯四部曲"——《我的天才女友》《新名字的故事》《离开的，留下的》和《失踪的孩子》中，作者埃莱娜·费兰特（Elena Ferrante）讲述了莱农与莉拉之间幽深复杂的情感关系。男性穿插在她们的生活中，但唯一不变的是她们之间的纽带——不只是爱与友谊，甚至包括仇恨。但在每个阶段，她们人生的对照都揭示了各自复杂的自我延伸，而每一次的成长，她们都在无形中起到了对彼此助推的作用。这种互为影子的深层情感联系甚至超越了爱情和亲情。

实际上，我是在工作多年后才认识到女性友谊和女性群体的重要性的。在多数文化中，女性之间的友谊经常被怀疑。女性之间能建立起真诚的友情吗？嫉妒和竞争是否压倒了女性之间的姐妹情谊？女性能否像

她职场 *SHE*
POWER 活出女性光芒

男性那样真诚地为彼此的成功加油,或者至少我们认为她们会这样做?

女性的职场友情经常被默认为是特别不专业的表现。对有些男性来说,职业女性之间的亲密关系给自己的印象就是,几位女士喋喋不休地讨论生活琐事或如何孤立其他女性,制造戏剧性事件。很多女性都有过这样的经历:某位男同事看到几位女同事聊天时,会过去问"现在有什么八卦吗"。虽然这些评论通常并没有什么恶意,但仍然强化了女性喜欢闲谈的刻板印象。研究表明,男性和女性一样喜欢八卦。因此,很多公司仍然不鼓励员工在工作中建立友谊,认为社交活动拉低了生产力。但正如上文所述,事实并非如此。

此外,我的成长环境从小就给了我"小心那个女孩/女性"的警号。在采访女性高管的过程中,我也听到了有些女性评论称,"很难和同性交朋友""曾被同性霸凌或暗算""女性比较小肚鸡肠,敏感多疑,对同性的敌意比男性还严重"。我在长期观察后发现,这些同样是对女性的刻板印象。在这种偏见根深蒂固的组织里,男性往往占绝对主导地位,而女性只能围绕有限的资源展开竞争。

一位女性高管曾提到,她所在公司的董事会都由男性组成,只是从多元化和包容性的角度考虑,想要象征性地增加一位女性董事。因此,两位同样优秀的女性被迫展开了尴尬的竞争。她问:"在这种环境里你能怎么办呢?如果是我,我可能只能选择离开。无论如何,这都不是理想的选择。"

日本著名女性主义者、社会学教授上野千鹤子在其著作《厌女：日本的女性嫌恶》一书中写道，将女性"他者化"，让其相互对立，"绝不与她们之间产生连带感"，这些正是男权统治的铁定法则。尼日利亚作家奇玛曼达·恩戈齐·阿迪奇埃（Chimamanda Ngozi Adichie）在她的TED演讲"我们都应该成为女权主义者"中指出："我们把女孩培养成彼此的竞争者，不是为了工作或成就，而是为了吸引男性的注意。"

在父权制下，女性不知不觉中学会了审视自己，这通常也意味着审视其他女性。当我们被告知女性是竞争对手时，就很难再视其为潜在盟友。这就是为什么女性要有意识地建立支持性的友谊。要想打破"分而治之"的模式，女性必须意识到自己也可能内化有明显厌女倾向的父权价值观，并与女性建立起更牢固的联系，以群体的力量对抗刻板印象和偏见，分享和共同争取资源与机会，从而创建出更有利于女性发展和成功的健康环境。

当女性团结在一起，碰撞出无限可能

波士顿商业女性社群（Boston Business Women）致力于为大波士顿地区的职业女性提供相互联结和合作的机会，目前已有超过2.6万名成员。卡莉·霍尔克（Kali Hawlk）是该社群的领导者之一。她强调，

她职场 *SHE*
POWER 活出女性光芒

建立社群是为了"赋予女性权利，帮助女性，因为我们相信合作胜于竞争"。

但霍尔克曾经同样害怕女性，甚至在成长过程中有过被女孩霸凌的经历。这些伤害让她"在不得不与女性沟通时，总会陷入极度恐惧和焦虑中，并主动回避与女性的友谊"。在没有女性朋友支持，也没有可依靠或崇拜的女性同事或榜样的情况下，她感到了迷茫和孤独。

我们为什么要这样对待彼此？我不知道答案。但我知道，我讨厌看到女性相互竞争，而不是相互帮助。我讨厌看到女性通过抨击同龄人来应对她们的不安全感和恐惧。

我讨厌看到女性互相撕扯。为什么我们要这么做，为什么我们要攻击我们的姐妹，在生命的每一个阶段都要小心防范任何我们觉得有威胁的人？

在痛苦、困惑、焦虑、沮丧和危机中艰难前行一段时间后，她发现了由一群志同道合的职业女性建立的波士顿商业社群。这个团体彻底改变了她对女性的看法。她开始不再害怕女孩子，甚至会积极寻找女性朋友，共度时光并向她们学习。

今天，我相信我的目的是帮助女性找到她们自己的自信和勇气，找到来自内心的力量，而不是依靠你把别人打倒时获得的力量，来获得自信和强大。

我认为女性应该得到一位导师，一位能够提供指导、支持和建议的人。我认为，已经达到成功顶峰的女性应该在顶峰停下脚步，欣赏一下壮阔风景，然后转过身去，把另一个女性拉上顶峰。

是的，正如霍尔克所讲，当女性不再各自为营，而是团结在一起，就会变得更强大并拥有改变世界的力量。目前世界各地的女性网络都在增加。传统男权商业世界中固有的性别偏见也促使女性建立自己的社群，就创业融资、育儿、就业等多个话题展开讨论，并为彼此提供经验、资源和机会。

女性社群睿问的创建正是出于这一契机。在由男性领导者掌控的传统德国公司中，没有人会认可"娇小的女性"。45岁以上的女性找工作也会比较困难。睿问就是要为在职场面临多种结构性障碍的高潜女性创建平台，用自己和社群的力量把更多女性"推上顶峰"。

到目前为止，睿问已经覆盖了上百万用户，获得了数千万元的融资，正在吸纳更多的成功女性和职场新人，并在她们之间架起双向沟通和支持的桥梁。

她职场 SHE
POWER 活出女性光芒

在睿问的社群中，我们采访了几十位女性，听到了她们总结的女性社群对自己的改变。比如，女性社群提供了安全、轻松、亲密的互动空间。多位女性表示，喜欢睿问组织的活动、聚会，在团体活动中找到了快乐和归属感。女性社群还发挥着强大支持系统的作用。

从事广告会展行业的邦尼（化名）是睿问社群中的一员，她说："只要你知道前后都是伙伴，你就不会孤单。遇到沟沟坎坎，你也知道有人需要你拉一把，你走不动的时候也会有人拉你一把。再强大的人都需要鼓舞和慰藉。"阿曼达（化名）表示自己非常喜欢参加睿问社群每周一次的培训："培训的氛围更像朋友们的聚会，大家一起聊一个话题，分享自己擅长的、觉得有意思的内容。大家对多元化的内容接受度很高，而且永远都充满着期待，因为或许其中的某一点就会点亮自己。"

另外，女性社群也为女性获得职业指导和搭建人脉提供了机会和资源。我们采访的一位高管表示："我非常愿意和年轻女性分享自己曾经走过的弯路，并为她们的职业规划出谋划策。"几位年轻女性还获得了创业的灵感。更重要的是，多数女性表示自己在女性社群中找到了发声的机会。

米凯拉（化名）原先是一家知名外企的区域销售经理，在很多人看来她当时正在进入人生最美好的阶段：在业内有名的甲方公司，工作已经做出成绩，但是她却隐隐感觉到自己正在变成一只"井底之蛙"。随

06　建立自己独特的竞争壁垒

着职业发展到了中层，求她办事的人越来越多，学到的新知识却越来越少，而妈妈的身份更是加快了她的精力和知识被稀释的速度。当她遇到睿问时，她发现这是一个可以让自己接触到不同内容的、快速成长的平台，同时也是一个绝佳的创业机会。于是她选择辞职加入睿问，成为睿问宁波分公司的总经理。

加入睿问后的米凯拉比以前要忙很多，她不仅要从零开始学习组织线下活动，还要负责团队搭建以及很多跟政府部门沟通的工作，但她感觉自己更有干劲了，因为每天都在接触新的东西。这些新的东西就像一片一片羽毛，让她的心日渐丰满也日渐轻盈。在这里，她不需要提醒自

▼米凯拉（右一）

她职场 *SHE*
POWER 活出女性光芒

己不要成为"井底之蛙",因为她在线上线下都能接触到不同的大咖嘉宾和"她领袖"榜样,每天都有新鲜的刺激。她发现原来可以从这样的角度看世界,女性的人生原来也可以这么不一样。

睿问宁波空间开业之后,已经举办了很多场线下活动,每次见到的女性都能让米凯拉产生新的感动。有一位年近50岁开始学英语,准备以后到美国生活的姐姐,成了米凯拉的榜样。在活动上,这位姐姐穿一身大红色的裙子,脚蹬10厘米高的高跟鞋,平时还爱开跑车,"整个人状态特别年轻"。她一直在学习新的东西,直到现在仍然跟在美国工作的儿子有很多共同的话题。"我也想成为那样的妈妈,跟我的孩子永远有话题可以聊。"米凯拉提起她的时候,眼睛里闪着光。

睿问也给她提供了打造自己个人IP的舞台,通过一次一次的分享,原本不擅长在公众场合演讲的米凯拉正在突破自己的局限。在这个过程中,她才真正梳理了自己多年来积累的东西,让它们真正转化成了有价值的内容。提到睿问社群给自己带来的最大改变,米凯拉说:"现在每天学习的东西,接受的挑战,都转化成了自己的能量,不管走到哪里,这些能量都会跟随着自己。这是真的充盈了自己,而不只是变成了某个行业、某个公司'用得顺手的机器'。"

我们的主流媒体和文化缺乏对女性自身的关注。在多数作品中,女性仍处在被凝视、被定义的被动地位,而在各行业的高峰论坛上,能站到台前的女性领导者更是凤毛麟角。但女性社群让女性拿到了麦克风，为她们提供了舞台，提升了自身的影响力和自信。

越来越多的女性社群让我们看到，当女性组成团体时，她们可以通过互相鼓励和激励，推动彼此获得更大的成功。女性对女性的无私支持和肝胆相照的情谊，往往并不逊于大众文化中更深入人心的兄弟情。

现在，女性平台可选的热门领域很多，然而睿问却依然坚持自己的方向，因为"我们就是要帮助女性，一个女性可以影响一群人，而一群女性可以影响一个时代"。

参考文献

刘筱薇. 明明哪儿都不差，为什么职场女性与男性的差距越来越大 [J/OL]. 哈佛商业评论，2018. https://mp.weixin.qq.com/s/94afYhUL-6pXQh_J1fEWbw.

封进. 女性在劳动力市场中的角色及影响 [R].《哈佛商业评论》公开课，2018.

羊城晚报智慧信息研究中心，华南理工大学数据新闻研究中心，中山大学心理学系. 她，为什么"剩下"——中国城市"剩女"问题大数据研究报告 [R/OL]. 199IT，2016. http://www.199it.com/archives/479074.html.

中国国家统计局. 中国统计数据年鉴 [DB/OL].2018. http://www.stats.gov.cn/tjsj/ndsj/2018/indexch.htm.

中国最高人民法院. 离婚纠纷司法大数据专题报告 [R].2018.

潘绥铭. 异性专偶制度的苛政 [C/OL]. 爱思想，2015–04–05. https://

m.aisixiang.com/data/86295.html.

ZANK，中国传媒大学大数据挖掘与社会计算实验室. 2016 中国 LGBTA 群体恋爱婚姻观白皮书 [R/OL]. 豆丁网，2016. https://www.docin.com/p-1868773731.html.

中国婚姻家庭研究会，中国妇女发展基金会公益. 全国性单亲妈妈服务需求调研数据 [DB].2018.

上海学校德育决策咨询课题. 上海市中小学生分学段家庭教育指导研究 [R].2012.

中国社会科学出版社，内蒙古大学经济管理学院，内蒙古大学中国时间利用调查与研究中心. 时间都去哪儿了？中国时间利用调查研究报告 [R].2018.

金一虹，杨笛. 教育"拼妈"："家长主义"的盛行与母职再造 [C]. 南京社会科学：哲学社会科学版，2015，D423.

赵蕴娴. 讲述生育之痛，但拒绝苦难标签：生育纪事背后的打工男女 [N]. 界面文化，2020–06–24.

田吉顺. 生孩子对女性健康是利大于弊还是弊大于利 [N/OL]. 知乎网，2018–06–27. https://www.zhihu.com/question/26891297.

NHK 特别节目录制组. 女性贫困 [M]. 上海：上海译文出版社，2017.

BOSS 直聘研究院. 2020 中国职场性别薪酬差异报告 [R].2020.

廖敬仪，周涛. 女性职业发展中的生育惩罚 [J]. 电子科技大学学报，2020，49(1): 139–154.

猎聘网. 职场女性化妆状况调研报告 [R].2017.

陈晶，朱瑾，刘筱薇. 阿什莉·米尔斯：从 T 台到讲台 [C]. 时尚 COSMOPOLITAN，2019.

参考文献

艾瑞咨询，唯品会. 中国中产女性消费报告 [R].2019.

国家信息中心分享经济研究中心，中国互联网协会分享经济工作委员会. 2018 中国共享经济发展年度报告 [R].2018.

亿欧智库. 2019 中国女性创业者 30 人报告 [R].2019.

BOSS 直聘. 中国职场性别薪酬差异报告 [R].2019.

World Economic Forum. Global Gender Gap 2020 [DB]. 2020.

Williams J. C. Hacking tech's diversity problem [J]. Harvard Business Review，2014，92(10): 94–100.

Sandberg S. & Scovell N. *Lean in: women，work，and the will to lead* [M]. New York: Alfred A. Knopf，2013.

Heddleston K. How Our Engineering Environments are Killing Diversity: Introduction [C]. 2015–03–09.

Advance HE. Women in Leadership part 2 [EB]. YouTube，2017–03–08.

Eagly A. H. & Carli L. L. Women and the Labyrinth of Leadership [J]. Harvard Business Review，2007，85(9): 63–71.

Williams C. L. The Glass Escalator: Hidden Advantages for Men in the "Female" Professions [J]. Social Problems，1992，39(3): 253–267.

Goldin G. & Rouse C. "Orchestrating Impartiality: The Impact of 'Blind' Auditions on Female Musicians [J]. American Economic Review，2000，90: 715–741.

UN DESA. The World's Women 2020 Trends and Statistics [R]，2020.

Gupta S. & Poo A. Caring for Your Company's Caregivers [J]. Harvard Business Review，2018.

Reid E. Why Some Men Pretend to Work 80-Hour Weeks [J]. Harvard

Business Review, 2015.

Slaughter A. Why Women Still Can't Have It All [J]. The Atlantic, 2012.

Medalia H. & Shlam S. LEFTOVER WOMEN [CD]. Medalia Productions & Shlam Productions, 2019.

Lewis H. What It's Like to Be a Leftover Woman [J]. The Atlantic, 2020–03–12.

Traister R. *All the Single Ladies: Unmarried Women and the Rise of an Independent Nation* [M]. New York: Simon & Schuster, 2016.

Anonymous. China becoming country of bachelors, spinsters [N]. Deccan Herald, 2016–12–13.

DePaulo B. M. & Morris W.L. Singles in Society and in Science [J]. Psychological Inquiry, 2005, 16(2/3): 57–83.

Torres M. Some Single, Childfree Women Don't Get The Same Flexibility And Pay As Parents [N]. HoffPost, 2019–08–16.

Beauvoir S. *The Second Sex* [M]. New York: Vintage Books, 1989.

Shpancer N. Is Marriage Worth It for Women [J]. Psychology Today, 2015–10–01.

The Whitley Law Firm. 3 Reasons Why Women Initiate Divorce More Often Than Men (DB). San Antonio: 2020–02–11.

Dempsey K. Who gets the best deal from marriage: women or men [J]. Reader in Sociology, 2002, 38(2):91–110.

Ely R. J. Stone P. & Ammerman C. Rethink What You "Know" About High-Achieving Women [J]. Harvard Business Review, 2014.

Petriglieri J. *Couples That Work: How Dual-Career Couples Can Thrive in Love and Work* [M]. Massachusetts: Harvard Business Review Press, 2019.

Petriglieri J. How Dual-Career Couples Make It Work [J]. Harvard Business Review, 2019.

Whitehead K. Professional couple power dynamics: you have to negotiate to make dual careers work, says author of road map to successful partnership [N]. South China Morning Post, 2020-01-30.

Anonymous. Fewer young couples getting married [N]. CBS, 2018-05-11.

Gates M. *The Moment of Lift: How Empowering Women Changes the World* [M]. New York: Flatiron Books, 2019.

Martin W. *Primates of Park Avenue: A Memoir* [M]. New York: Simon & Schuster, 2016.

Ueno C. *Patriarchy and Capitalism: The Horizon of Marxist Feminism* [M]. Tokyo: Iwanami-shoten, 1992.

Kitroeff N. & Greenberg J. S. Pregnancy Discrimination Is Rampant Inside America's Biggest Companies [N]. New York Times, 2018-06-15.

Boudet A. M. M., Buitrago P., de la Briere B. L., Newhouse D., Matulevich E. R., Scott K. & Suarez-Becerra. Gender Differences in Poverty and Household Composition through the Life-cycle: A Global Perspective [J]. World Bank, 2018.

Milkie M., Nomaguchi K. & Denny K. More time isn't always better for your kids [N]. The Washington Post, 2015-04-07.

McGinn K.L. & Milkman K. L. Looking Up and Looking Out: Career Mobility Effects of Demographic Similarity among Professionals [J].

Organization Science, 2013, 24(4): 1041–1060.

Weston K. *Families We Choose: Lesbians, Gays, Kinship* [M]. New York: Columbia University Press, 1991.

Salter J. Women spend 3276 hours getting ready [N]. The Telegraph, 2007-08-18.

Whitefield-Madrano A. Grooming, Earning, and Why You Can Skip the Eyeshadow [C]. The Beheld: Basics and Special Projects, 2011-09-19.

McLintock K. The Average Cost of Beauty Maintenance Could Put You Through Harvard [N]. Byrdie, 2022-01-31.

Taylor S. J. The Pink Tax: Why Women's Products Often Cost More [N]. U.S. News, 2016-02-17.

Mears A. *Pricing Beauty: The Making of a Fashion Model* [M]. California: University of California Press, 2011.

Sontag S. The Double Standard of Aging [C]. Saturday Review, 1972, 29–38.

Brierley M., Brooks K. R., Mond J., Stevenson R. J. & Stephen I. D. The Body and the Beautiful: Health, Attractiveness and Body Composition in Men's and Women's Bodies [P]. PLoS One, 2016, 11(6): e0156722.

Colangelo A. Eating disorder cases have doubled globally, new research shows [N]. The Sydney Morning Herald, 2019-06-02.

Farinholt M. When Did Health and Fertility Go Out of Style? A Timeline of Beauty Standards [J]. Evie, 2020-08-12.

Hamermesh D.S. *Beauty Pays: Why Attractive People Are More Successful* [M]. New Jersey: Princeton University Press, 2011.

Sheppard L. D. & Johnson S. K. The Femme Fatale Effect: Attractiveness is a Liability for Businesswomen's Perceived Truthfulness, Trust, and Deservingness of Termination [J]. Sex Roles, 2019, 81:779–796.

Anonymous. Plastic Surgery and Cosmetic Procedures [R]. BBC Radio 5 Live, 2018.

Wolf N. *The Beauty Myth: How Images of Beauty Are Used Against Women* [M]. London: Chatto & Windus, 1990.

Brenan M. U.S. Men Less Concerned Than in 2017 About Sexual Harassment [N]. Gallup, 2019–03– 18.

ITUC. Stopping Sexual harassment at work [R]. Brussels, 2018.

Equal Rights Advocates. Effects of Sexual Harassment [R]. U.S., 2020.

Klein J. Ending Harassment Culture [J]. Harvard Business Review, 2019.

Feldblum C. R. & Lipnic V. A. Select Task Force on the Study of Harassment in the Workplace [R]. EEOC, 2016.

Atwater L. E., Tringale A. M., Sturm R. E., Taylor S. N. & Braddy P. W. Looking ahead: How what we know about sexual harassment now informs us of the future [J]. Organizational Dynamics 2018, 48(4).

Serano J. He's Unmarked, She's Marked [C]. California, 2020–03–09.

Kantor J. & Twohey M. *She Said: Breaking the Sexual Harassment Story That Helped Ignite A Movement* [M]. London: Penguin Press, 2019.

Campbell Q. J., McFadyen M. A. & Chen P.Y. Sexual Harassment: Have We Made Any Progress? United States: Educational Publishing Foundation [J]. Journal of occupational health psychology, 2017, 22(3): 286–298.

Bower T. The #MeToo Backlash [J]. Harvard Business Review, 2020.

Molla R. The gig economy workforce will double in four years [N]. Vox, 2017–03–25.

DeFelice M. Why Women Can— And Should—Cash In On The Gig Economy [N]. Forbes, 2017–03–15.

Vodafone. Vodafone global survey reveals rapid adoption of flexible working [C]. UK, 2016–02–08.

Gorlic A. Nobel winner pushes for banking with a conscience. Stanford Report [R]. Stanford, 2008–11–17.

Cosic M. 'We are all entrepreneurs': Muhammad Yunus on changing the world, one microloan at a time [N]. The Guardian, 2017–03–29.

Miller C. C. Why Women Don't See Themselves as Entrepreneurs [N]. New York Times, 2017–06–09.

IFC. Bridging the Gender Gap [R]. Washington D.C., 2014.

Global Entrepreneurship Monitor. 2018/2019 Women's Entrepreneurship Report [R]. London, 2019.

World Economic Forum. Global Gender Gap 2020 [R]. Geneva, 2020.

Dillard S. & Lipschitz V. Research: How Female CEOs Actually Get to the Top [J]. Harvard Business Review, 2016–11–06.

Roberts L. M., Mayo A. J., Ely R. J. & Thomas D. A. Beating the Odds [J]. Harvard Business Review, 2018.

Mann A. Why We Need Best Friends at Work [N]. Gallup, 2018–01–15.

The Ladders. How to Develop Strong Female Friendships at Work [N]. SHE DIFENED, 2021–08–13.

Anonymous. Study: Females Find Social Interactions to Be More Rewarding Than Males [N]. Georgia State News Hub, 2019–01–30.

Golshan T. Study finds 75 percent of workplace harassment victims experienced retaliation when they spoke up [N]. Vox, 2017-10-15.

Smith L. Why female friendships at work can help you get ahead [N]. Yahoo Finance, 2019-03-06.

Uzzi B. Research: Men and Women Need Different Kinds of Networks to Succeed [J]. Harvard Business Review, 2019-02-25.

Ferrante E. *The Neapolitan Novels* [M]. New York: Europa Editions, 2011-2014.

Matyszczyk C. Men Gossip Just As Much As Women, Says Just-Published Study (And, Boy, Do We Spend a Lot Of Time Gossiping) [N]. Inc., 2019-05-17.

Ueno C. *Disgust against Women* (The Feeling of Disgust against Females in Japan) [M]. Chinese Edition. Shanghai: Shanghai Sanlian Culture Publishing House, 2015.

Boston Business Women. The Importance of Community for Women and the Impact of Female Support [N]. Boston, 2017-04-05.

后 记

我在外企工作 8 年，两次创业加起来 11 年。第一次创业在人力资源行业，第二次创业选择了女性赛道。我自己就是一位职业女性，亲历了职业女性的发展周期；同时作为一位为职业女性服务的创业者，也是观察者，"偷窥"了无数职业女性的成功、失败与喜怒哀乐。我一直想写一本书，从众多职业女性的故事中总结规律，以帮助更多的职业女性。这个想法我酝酿了很久很久……

直到 2020 年的春天，刘筱薇和我商量是不是可以做一系列音频节目，每期采访一位大咖嘉宾，讨论一下这个时代女性最关注的问题：比如女强男弱的婚姻可行吗？到底应该打工还是创业？如何应对女性的多重角色压力和社会的刻板印象？等等。后来经过多次讨论，我们决定合写一本书，采访的对象也不再局限于大咖，而是覆盖了处于各个阶段的

她职场 *SHE*
POWER 活出女性光芒

不同行业的女性。

从动笔写书至今已经整整两年了，当初完全没想到需要花这么长的时间，其中有一个星期我和刘筱薇还分别专程从上海和北京到苏州的一家酒店闭关，构思新书框架和章节以及商量确定采访对象。

我们之所以花了这么长时间写这本书，是因为我们采访了很多人，前采、写稿、确认、补采、修改、再确认，这本身就是一个巨量的工作；而且这本书里并不只有故事，还综合了过去 6 年多我们对睿问平台上的几百万女性的洞察。

刘筱薇和我写这本书时抱着很谨慎的态度，我们绝不愿意为了卖书，不负责任地乱打鸡血，也极力避免传达错误的理念误导人。花了这么多时间和精力写这本书，我们希望它具有独一无二的价值。同时我有个私心，希望将来可以非常自豪地拿这本书给我的女儿看。

在写后记的此刻，我第二次创业至今已经六年多，疫情也已经持续三年了，这一切无不说明了这个世界充满了不确定性。我这几天在温习塔勒布的《反脆弱》这本书，书里面多次提到脆弱的事物不喜欢波动性、随机性、不确定性、混乱、错误和压力；相反，反脆弱的事物喜欢波动性，并在不确定性中获益。

后 记

每一个坚持成长的人都是反脆弱的,在一次次选择、试错的过程中,在一次次踌躇满志、挫败、充电、绝地反弹的过程中,她们始终充满勇气……我们将她们的故事呈现出来不是为了教导大家,我们也没有资格教导大家。我们只是希望为大家打开一个新的思路,展现一种新的路径,让每一位独立女性都不会孤独。

对于每一位阅读过这本书的人,我想从此以后,无论我们性别为何,处在多么不同的生长环境和行业中,我们都有了心灵的默契。希望我们大家都能像塔勒布说的,做一条九头蛇,因为它懂得反脆弱,每砍掉一个头,就会重新长出两个头,比原来更强大。

在结束这篇后记之前,我想感谢我的合著者刘筱薇,我的朋友栗子、斌哥、闻总、鹏飞,我的助理袁艺琳,我的同事宋菁、南希、张进,还有我的表妹燕子和丽铃以及接受采访的每一位"她领袖",你们和我们一起创造了我人生中的第一本书。

最后,送给大家一句我很喜欢的话:"出发,到新的爱与新的喧闹中去!"

邱玉梅

北京阅想时代文化发展有限责任公司为中国人民大学出版社有限公司下属的商业新知事业部，致力于经管类优秀出版物（外版书为主）的策划及出版，主要涉及经济管理、金融、投资理财、心理学、成功励志、生活等出版领域，下设"阅想·商业""阅想·财富""阅想·新知""阅想·心理""阅想·生活"以及"阅想·人文"等多条产品线，致力于为国内商业人士提供涵盖先进、前沿的管理理念和思想的专业类图书和趋势类图书，同时也为满足商业人士的内心诉求，打造一系列提倡心理和生活健康的心理学图书和生活管理类图书。

《把自己的愤怒当回事：写给女性的情绪表达书》

- 帮助女性为自己的愤怒情绪找到合理的表达方式，更有效地处理生活中遇到的问题，让愤怒不再成为女性"被禁止的情绪"。
- 当你以诚实、克制和有益的方式表达自己经受的伤害时，分歧才会得到妥善的处理，人际关系才会得到延续和改善。

《让女性受益一生的理财思维》

- 理财博主专为女性量身定制的理财思维书。
- 让女性学会与金钱打交道，提升赚钱能力，用自身财力给予自己想要的财富安全感。